Horst K. Wagner · **Schrott kreativ**

Horst K. Wagner

Schrott kreativ

Photos: Ruth L. Schulz

Staufen bei Freiburg
www.oekobuch.de

**Bibliografische Information
der Deutschen Nationalbibliothek**

Die Deutsche Nationalbibliothek verzeichnet diese Publikation in der Deutschen Nationalbibliografie; detaillierte bibliografische Angaben sind im Internet unter http://dnb.d-nb.de abrufbar.

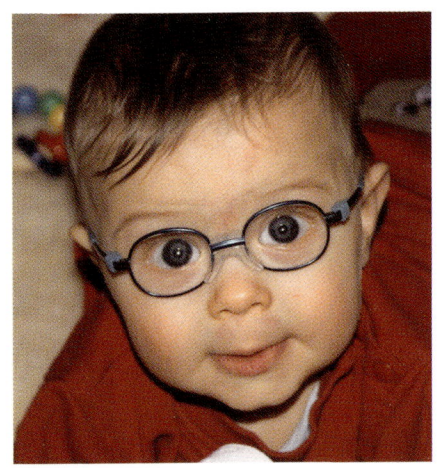

Für Simon

ISBN 978-3-936896-51-0

1. Auflage 2010

© ökobuch Verlag, Staufen bei Freiburg 2010
   Internet: www.oekobuch.de

Alle Rechte der Verbreitung, auch durch Funk, Fernsehen, fotomechanische Wiedergabe, Einspeicherung in EDV-Anlagen, Tonträger jeder Art und auszugsweisen Nachdruck, sowie die Rechte der Übersetzung sind vorbehalten.

Druck: Beltz Druckpartner, Hemsbach

Alle Angaben und Arbeitsanleitungen in diesem Buch wurden nach bestem Wissen und Gewissen zusammengestellt, eine Gewähr für die Richtigkeit wird jedoch nicht übernommen. Infolgedessen lassen sich für die praktische Umsetzung des hier Dargestellten keine Haftungsansprüche gegenüber der Herausgeberin, den AutorInnen oder dem Verlag ableiten.

Inhalt

Bildergalerie der Objekte 6

Zur Einführung 7

1 **Materialquellen** 9

2 **Werkstoff Metall** 13
    Metalle identifizieren 15

3 **Arbeitstechniken und Werkzeuge** 19
3.1 Sicherheit 19
3.2 Werkzeuge zum Messen und Anreißen ... 20
3.3 Spannen 21
3.4 Sägern 22
3.5 Schneiden, Trennen 23
3.6 Feilen 24
3.7 Biegen und Treiben 25
3.8 Schaben, Schleifen, Polieren 27
3.9 Bohren, Reiben, Senken 29
3.10 Verbindungstechniken 32
3.11 Gewinde bohren und schneiden 36
3.12 Löten 37
3.13 Schweißen 38
3.14 Warm umformen 42
3.15 Drehen und Fräsen 43
3.16 Rostschutz und Entrosten 44
3.17 Hilfsvorrichtungen und Hilfsmittel 45

4 **Objekte** 48

4.1 **Neues aus Altem** 48
  1. Kleine Messer 48
  2. Draht biegen 49
  3. Bleistiftverlängerungen 50
  4. Torriegel 50
  5. Stehpultbefestigung 50
  6. Papierrollenbehälter aus Weißblech 51
  7. Kleine Schmuckstücke 51
  8. Bilderhalter aus Draht und Blech 52
  9. Stiftebecher /-schalen 52
  10. Buchstützen aus Blech, Holz, Stein, Glas .. 54
  11. Runde Blechschalen 54
  12. Blechtüren für Kleintierstall 56
  13. Stalllaterne aus Blechresten 56
  14. Wetterdrachen 57
  15. Windrad 58
  16. Stövchen mit Zubehör 59
  17. Pfeffer, Salz, Essig und Öl 60
  18. Metall beschriften 61
  19. Balkenwaage 62
  20. Gartentor 63
  21. Werkzeugwand 63
  22. Kerzenständer aus Stahldraht 64
  23. Einfache Schmiedearbeiten 65
  24. Grill-, Brat-, Kochgeräte 65
  25. Schrottbehälter 69
  26. Treppe mit Geländer 69
  27. Kleiner Verkaufsstand 70
  28. Fahrradanhänger 71
  29. Kutsche 73
  30. Ein einfaches Metalldach 74
  31. Lagerregal 75
  32. Hanteln 75
  33. Kerzenlöscher 75
  34. Handlauf 76
  35. Drosselklappe für Lehmofen 76
  36. Seifenkiste 77

Exkurs: Etwas Mathematik und Denkspiele 78
  1. Das klassische T-Puzzle 78
  2. Der Pythagoras 78
  3. Höhensatz 79
  4. Vier Dreiecke 79
  5. Thaleskreis 80

4.2 **Reparaturen** 83
  1. Griffe 83
  2. Topfdeckel 83
  3. Kehrschaufel 84
  4. Waschmaschinentür 84
  5. Klammersack 85
  6. Kunststoffabdeckung für Holzkreissäge ... 85
  7. Maschinenquirl 85
  8. Duschkopfhalter 86
  9. Gussmetall-Reparaturen 86
  10. Zinkwanne 88
  11. Saftpresse 88

Literatur 90
Dank 91

Zur Einführung

Heute ist uns allen mehr oder weniger bewusst, dass die Erdölvorräte in wenigen Jahrzehnten zur Neige gehen werden. Trotzdem verbrennen wir sie noch immer in großem Stil. Ein Recycling ist hier nicht möglich.

Aber auch andere Ressourcen der Erde, etwa die Erze mancher Metalle, werden in absehbarer Zeit rar sein. Mit Wiederaufbereitung lässt sich der Zeitraum zwar strecken, doch wird die damit erreichbare Recyclingquote nie 100% erreichen. Auch verbrauchen die entsprechenden Verfahren in der Regel viel Energie. Und der Bedarf an Rohstoffen wird langfristig noch steigen.

Hätte ich noch Zweifel an Sinn und Zweck der Buchthematik, wären sie endgültig vorbei, seit ich Folgendes in der Zeitung las: In Heiligenhaus im Niederbergischen Land wurde eine Brücke eingesetzt, die aus einem alten ausrangierten Güterwagen als Träger, als Laufsteg und Fahrbahn besteht. Ich ziehe den Hut vor den Initiatoren, den Ahlenberg-Ingenieuren aus Herdecke.

Nun „bohre ich zwar nicht dünnere, doch kleinere Bretter". So stelle ich die sogenannte Wegwerfgesellschaft sicher nicht als Erster in Frage und plädiere dafür, den früher selbstverständlich sparsamen Umgang mit Vorräten wieder mehr in unser aller Bewusstsein gelangen zu lassen. Und, gehört das nicht auch zum heute vielzitierten nachhaltigen Wirtschaften? Für mich war Reparieren, Umwidmen, Neues aus Altem herzustellen, teils berufsbedingt, seit je her ein Anliegen. Meine langjährigen Erfahrungen damit möchte ich gern vermitteln.

Das Ziel dabei war und ist immer, im Bereich sinnvoller, brauchbarer Dinge zu bleiben. Wenn diese dazu auch noch schön sind oder an Kunsthandwerk denken lassen, umso besser.

In diesem Buch werden gängige Handwerkstechniken für den Umgang mit Metall erläutert und im Weiteren dann zahlreiche Objekte beschrieben, die ich in den letzten Jahren selbst ausgeführt und dokumentiert habe. Sie zeigen eine Vielfalt an Möglichkeiten, Altmetall wiederzuverwenden und Nützliches daraus herzustellen. Die Objekte können detailgetreu umgesetzt werden, sollen aber vor allem zum Tun, Variieren und Weiterdenken anregen – sei es durch die Faszination für das Material, durch Farben und Formen oder sinnvolle Anwendungen.

1.1 Stahlschrott, unsortiert

1 Materialquellen

Die Materialbeschaffung ist ein wichtiges Kapitel. Dinge zu verwenden, die für andere Leute wertlos geworden sind und bereits auf dem Weg waren, aus der Welt geschafft zu werden, wird von manchen Menschen als leicht schäbig angesehen. Auf manchen mag der Gedanke, in Altem, Ausgesondertem herumzustöbern, abschreckend wirken. Doch wer die Freude erlebt hat, die einen überkommt, wenn man in einem Berg Übriggebliebenem wahre Schätze heben kann, den schrecken schmutzige Hände und argwöhnische Blicke nicht. Außerdem stellt sich beim Suchen nach Materialien ein oft unterschätztes Gefühl ein. Ist die Suche nach einem bestimmten Teil erst einmal in Fahrt gekommen und unsere Aufmerksamkeit völlig auf diesen einen Gegenstand fixiert, dann fühlen wir uns vielleicht in die Zeit unserer jagenden und sammelnden Vorfahren zurückversetzt. Einigen Lesern mag dieser Zustand vom Pilze sammeln oder Ähnlichem bekannt sein – am Pilze sammeln ist auch nichts Unehrenhaftes, und sicher hatten die Jäger und Sammler vergangener Tage mehr Schmutz unter den Fingernägeln.

Schrottplatz

Der Schrottplatz ist die Quelle Nummer eins für alle metallischen Materialien. Die Palette der „angebotenen Waren" ist breit und kann etwa so aussehen: Flacheisen, Rohre, Wellen, Lager, Schrauben, Federn, Bleche, Räder, komplette Maschinen und, und, und. Viele der aufgeführten Teile werden als Schrott bezeichnet, sobald sie den Weg auf den Schrottplatz angetreten haben, ohne wirklich unbrauchbar zu sein.

Schlossereien, Flaschnereien, Sanitärbetriebe

Schlossereien sind ihrerseits Lieferanten des Schrotthändlers, sie holen nichts ab, sondern liefern Ware an. Wir wirken als Vorfilter, wenn wir den Schlossern abnehmen, was sie eigentlich zum Schrotthändler bringen wollten. Häufig fertigen Schlossereien auch Dreh- oder Frästeile, die nicht nur formschön sind, sondern den maschinenbautechnischen Erfordernissen entsprechend mit einer gewissen Normierung angefertigt wurden.

Mit anderen Worten: Viele Teile passen zueinander, das erleichtert das Finden. Zudem kann man gezielt suchen, schließlich wird hier gezielt produziert.

Sperrmüll und Flohmärkte

Sperrmüll und Flohmärkte können zu überraschenden Funden führen: Alte Werkzeuge, vielleicht antik anmutend, Lampen(teile), Haushaltgeräte aller Art (Waschmaschinen z.B. sind mit tollen Lagern und starken Federn ausgerüstet), Metallschalen und Ähnliches finden sich dort.

Haushaltsauflösungen, Keller, Speicher, Firmen-, Werkstattauflösungen

Auf den letzten Seiten der Tagespresse finden sich oft Kleinanzeigen zu Haushaltsauflösungen, die in der Regel am Wochenende stattfinden. Die Suche ist unspezifisch. Auch kann die Frage nach der Trefferwahrscheinlichkeit nur vage beantwortet werden, denn jeder Haushalt ist anders.

Firmenauflösungen sind ein besonderes Schmankerl, denn üblicherweise wird die Firmenmasse versteigert. Wie immer ist man auf glückliche Umstände angewiesen, dann lässt sich im Vorfeld der Auflösung aber manches, z.B. Werkzeuge und kleinere Maschinen, für wenig Geld erwerben.

Secondhand-Läden

Secondhand-Läden bieten ein ähnlich breites Spektrum wie Haushaltsauflösungen und sind schon merklich vorsortiert. In größeren Städten nehmen Secondhand-Läden mitunter Kaufhauscharakter über mehrere Etagen an. Hier schlägt die Logistik zu Buche und die Preise klettern, der Vorteil besteht aber in der bereits getroffenen Vorauswahl. Das ist bei Dingen, denen man eventuelle Fehler nicht gleich ansieht, von Nutzen.

Anzeigenblätter

In vielen Städten liegen diverse Anzeigenblätter in Geschäften oder an Tankstellen usw. aus oder kommen gleich im Anhang der Tagespresse mit ins Haus. Aufgeteilt in etliche Rubriken finden sich die Suchenden leicht zurecht. Besonders „Maschinen und Werkzeuge" sowie „Haushalt" sind lohnende Abschnitte. Manchmal gibt es auch in der Spalte „zu verschenken" Brauchbares, hier ist aber Schnelligkeit gefragt.

1.2: Profilstähle im Lagerregal

1.3: Es gilt, Brauchbares auszusortieren...

Fachhandel, Bau- und Heimwerkermärkte

Der Fachhandel sowie Bau- und Heimwerkermärkte sind Beschaffungsquellen für manches gute Werkzeug oder Material zum regulären Preis, das bei den bisher genannten Quellen nicht zu finden ist. Doch auch hier gibt es oft Sonderangebote und unter der Rubrik „Alles muss raus" o.ä. Brauchbares zu kleinen Preisen.

Gang über den Schrottplatz – eine kleine Geschichte

Die Geschichte handelt von mehreren Besuchen über einen Zeitraum von etwa einem Jahr. Der betreffende Schrotthandel – dort wurden auch die Fotos gemacht – schlägt eine ganze Reihe von Metallen um, insbesondere natürlich Stahl, nichtrostende Edelstähle und Gusseisen, aber auch in beachtlichem Umfang Aluminium, Kupfer und Messing. Alles ist weitgehend sortiert, man gewinnt schnell eine gute Übersicht. Ich erwähne das gern, denn seit ich mich solcher und ähnlicher Quellen bediene, ist meine Achtung vor dem Altmaterialgewerbe deutlich gestiegen.

Angefangen hatte es mit der Suche nach einer Konsole, einem Ständer für eine kleine, gebrauchte Blechabkantmaschine, ursprünglich zur Tischmontage vorgesehen, die ich preiswert über eine Anzeige erworben hatte. Ich fand das Passende und erstand es nach Abwiegen für zwanzig Euro. Ein wenig Anpassarbeit war erforderlich, danach erleichterte das Ergebnis die Blechbiegearbeiten ganz erheblich.

Bei Kinderfesten, Spielplatzeinweihungen und im privaten Bereich ergab sich der Bedarf an Feuerschalen für das Grillen mit Holzkohle, um kein Feuer auf dem Boden entfachen zu müssen. Von länglichen oder kugelrunden Stahlbehältern wur-

1.4: Hier sind die Wertstoffe noch nicht getrennt.

1.5: Abkantpresse, auf Ständer gesetzt

1.6: Welle, Lager, Halterungen, Schrauben ...

den vom Schrotthändler die Böden bzw. Hälften mit dem Schneidbrenner abgetrennt und für wenig Geld gehörten sie mir.

Später musste ich das Trennen selbst übernehmen; ich benutzte dafür mangels Schneidbrenner die „Flex", den Winkelschleifer. Dass es zum Thema Grillen nicht allein bei den Feuerschalen blieb, ist eine andere Geschichte (Näheres dazu in Kap. 4.24).

Als ich mit Jugendlichen ein Wasserrad bauen wollte, fanden wir in einem Haufen glitzernder Teile dazu passende, wasserdichte, also gekapselte Kugellager mit zugehörigen Lagergehäusen. Für ein Windrad nahmen wir die Lagerung aus einer alten Waschmaschine, die jeweiligen Schaufeln schnitten wir aus dem Gehäuseblech.

Einen großen Haufen vernickelter Sechskant-Messingstäbchen mit Gewinde an beiden Enden stöberten wir auf, als Tee-Stövchen gefragt waren; Kupferblechreste nutzten wir, um daraus Schalen mit dem Treibhammer zu dengeln.

Gestellteile für Materiallager-Regale entdeckte ich auf dem Schrottplatz ebenso wie Gitter, aus denen sich Treppen o.a. bauen lassen. Ich fand ebene gusseiserne Ofenklappen, als Standfuß für Kleingeräte bestens geeignet, sowie bis drei Meter lange Profilstähle, Autofelgen, auf die man gut Gartenschläuche aufhängen kann, und hin und wieder echte Überraschungen.

1.7: Glitzernde Teile: Messingstäbchen, vernickelt

Hier breche ich ab, denn die Geschichte ließe sich unendlich ausdehnen und würde dann den Rahmen des Buches sprengen.

1.8: Kind mit Wasserrad

2 Werkstoff Metall

Die Entdeckung, Verarbeitung und Verwendung von Metallen hat die menschliche Entwicklung stark beeinflusst. Ganze Epochen der Frühgeschichte wurden nach Metallen benannt: Wir kennen die Kupfer-, Bronze- und die Eisenzeit.

Heute ist das Spektrum der Metall-Werkstoffe in stetiger Weiterentwicklung und Verfeinerung begriffen, ein faszinierendes, kaum noch überschaubares Thema. Ihm können wir uns im Rahmen dieses Buches nur in bescheidenem Umfang widmen. Aber wir greifen einige für unseren Alltag wichtige Arten heraus, um besser zu verstehen, welche Möglichkeiten und Anforderungen die Arbeit mit Metallen mit sich bringt.

Stahl

Stahl, silbergrau im Aussehen, gilt als wichtigster Werkstoff der Industrie. Der zumeist verwendete „unlegierte Baustahl" besteht zum allergrößten Teil aus dem vierthäufigsten Element der Erde, dem Eisen (Fe), mit geringen Beimengungen (maximal 0,2%) von Kohlenstoff (C) und anderen Elementen (Mangan, Silizium, Phosphor, Schwefel). Baustahl lässt sich gut warm (glühend) verformen, also z.B. schmieden. Er ist gut schweißbar und findet Anwendungen im gesamten Maschinen- und Stahlbau, vielfach in Form von diversen Profilen und Rohren, sowie als Blech unterschiedlicher Dicke (Grob- und Feinbleche).

Stahl ist rostanfällig und wird in der Regel durch Überzüge geschützt (z.B. verzinkte Bleche, Rohre, lackierte Teile).

Höhere Legierungsanteile von Kohlenstoff machen den Stahl härter, aber auch spröder. Solcher ist z.B. für die Herstellung von Werkzeugen gut geeignet, allerdings ist er dann nicht mehr zum Schweißen geeignet.

Unter dem Begriff Edelstahl verstehen wir im allgemeinen Sprachgebrauch legierte und hochlegierte Stähle, denen andere Metalle wie Chrom, Nickel, Mangan und sonstige Legierungselemente zugesetzt sind. Edelstähle sind teilweise nicht magnetisch und bei sehr hohen Anteilen von Chrom und Nickel nichtrostend.

Für den Techniker zählen zu den Edelstählen auch die besonders rein erschmolzenen Stahlsor-

2.1: Querschnitte gebräuchlicher Stahlprofilen

Tabelle 2.1: Metall-Vergleichstabelle

	Aussehen	Dichte kg/dm³	Schmelztemperatur (C°)	Wärmeleitfähigkeit	Elektrische Leitfähigkeit	Bemerkungen
Stahl (Baustahl)	silbergrau dunkelgrau wenn verzundert (s. Bemerkungen)	7,9	1500	mittel	mittel	magnetisch; ziemlich hart und elastisch Zunder: Eisenoxidschicht, die sich nach dem Walzen des glühenden Stahles bildet
Gusseisen (Grauguss)	dunkelgrau	7,25	1250	mittel	niedrig	magnetisch; im Vergleich zu Stahl eher spröde und bruchgefährdet
Aluminium (Al)	silberweiß	2,7	660	hoch	hoch	sehr wichtiges Leichtmetall dehnbar, korrosionsfest
Kupfer (Cu)	hellrot	8,95	1085	sehr hoch	sehr hoch	sehr zäh und dehnbar, ziemlich weich
Messing	goldfarben	8,5	900	mittel	mittel	gut verformbar und korrosionsfest
Rotguss	goldfarben	8,6	950	mittel	mittel	verschleiß- und korrosionsfest

ten, welche für eine Wärmebehandlung wie Härten (Glühen und Abschrecken) und Vergüten (nach dem Härten auf bestimmte höhere Temperatur anlassen) zum Erzeugen gesteigerter Festigkeit und Härte vorgesehen sind.
Es gibt viele hundert Stahlsorten, die nach einem fünfstelligen Werkstoffnummern-System, mit 1.0… beginnend, für sehr vielfältige Zwecke wie Bau-, Werkzeug-, rost- und säurebeständige Stähle, Feder-Stähle usw. geordnet sind. Stahl findet auch in gegossener Form manche Anwendungen.

Gusseisen

Gusseisen, auch Grauguss genannt, ist – wie der Name sagt – ein weiterer Eisenwerkstoff. Gusseisen ist dunkelgrau, nicht schmiedbar, aber sprödbrüchig. Sein Kohlenstoffgehalt ist wesentlich höher als bei Baustahl. Gusseisen hat gute Dämpfungs- bzw. Schallschluckeigenschaften für Motor- oder Maschinengeräusche. Auch bietet es gute Gleit- und Notlaufeigenschaften und kann daher für einfache Lagerbuchsen benutzt werden.

Durch das Gießen des Eisens in Formen lassen sich auch komplizierte Teile herstellen. Gusseisen wird z.B. für Maschinengehäuse, Zahnräder, Kanaldeckel, Konsolen u.a. mehr verwendet. Es lässt sich aber nur sehr eingeschränkt schweißen.

Aluminium (Al)

Aluminium, ein chemisches Element, ist ein silberweißes Metall, das in der Natur nicht in metallischer Form vorkommt. Daher wurde es erst spät entdeckt und im 19. Jahrhundert erstmals hergestellt, obwohl es – nach Sauerstoff und Silizium – das dritthäufigste Element der Erde ist.

Aluminium wird zur Erzielung besonderer Materialeigenschaften vielfach mit anderen Metallen legiert. Es überzieht sich durch den Sauerstoff der Luft mit einer dichten harten Oxidschicht und wird dadurch sehr korrosionsbeständig. Im Mischbau mit anderen Metallen allerdings – häufig ist das Stahl – kann sich bei Eindringen von Feuchtigkeit zwischen den Berührungsflächen ein galvanisches Element bilden, mit Wasser als dem Elektrolyten. Dies wiederum führt zur Korrosion des Aluminiums, u.U. bis hin zu seiner Zerstörung. Deshalb müssen die Kontaktflächen zu anderen Metallen elektrisch isoliert werden.

Eine gute Isolation bewirken Kunststoffbeilagen, Gummi, Metallklebstoffe oder ein deckender Anstrich mit Zinkchromatgrundierung. Verzinkte Schrauben oder Bauteile aus rostfreiem Stahl kann man ohne Schutz mit Aluminium verbinden. Verwendung: im Fensterbau in Form von kompliziert geformten Strangpressprofilen, als Gussgehäuse für Getriebe, Motoren und Maschinen, in der Verpackungsindustrie in Form von Folien oder Getränkedosen u.a. mehr.

Durch Eloxieren (*el*ektrolytische *Ox*idation von *Al*uminium) wird die natürliche Oxidschicht von Aluminium deutlich verstärkt. Auch durch Plattieren, dem Aufwalzen oder Aufpressen von dünnen Überzügen auf Alublech oder Aluprofile lassen sich die Oberflächen zweckentsprechend ändern.

Kupfer (Cu)

Kupfer, ebenfalls ein chemisches Element, ist hellrot und nachweislich seit ca. 10.000 Jahren bekannt. Es war des Menschen erstes Gebrauchsmetall für Geräte und Waffen. Kupfer ist ziemlich weich, sehr zäh und dehnbar.

Durch seine besonders hohe Wärmeleitfähigkeit und elektrische Leitfähigkeit ist es ein wichtiger Werkstoff in der Elektroindustrie, die es zu Draht, Kabel oder Stangen verarbeitet.

Weitere Anwendungen sind Rohre, Heiz- und Kühlschlangen, Kessel und Pfannen im Heizungs- und Apparatebau sowie Münzen. Der Spengler verarbeitet u.a. Kupferblech-Rohre, Kupferdachrinnen und Kupferblech für Verkleidungen.

In der Atmosphäre bildet sich auf den Kupferoberflächen eine grünliche, schützende Patina (Edelrost).

Messing

Messing, goldfarben, ist der Name für eine Vielzahl von Legierungen aus Kupfer und Zink, teilweise auch mit weiteren Legierungszusätzen. Messing ist gut zu bearbeiten und korrosionsbeständig. Verwendet wird es vor allem für Armaturen (Gas und Wasser), für Schiffsbauteile, für Beschläge (Gussteile) und Anderes.

Rotguss

Rotguss, ebenfalls goldfarben, gehört zur Gruppe der Bronzen. Das sind Kupfer-Zinn-Legierungen, die je nach Verwendungszweck auch Zusätze von anderen Metallen, etwa Blei, Aluminium u.a. enthalten. Rotguss wird aufgrund sehr guter Gleiteigenschaften vielfach als Lagermetall verwendet, z.B. für Kurbelwellenlager in Kolbenmaschinen. Doch auch an einem Fahrradanhänger oder Windrad kann eine Lagerbuchse aus Rotguss gute Dienste tun.

ders helle Sternchen. Die Menge zeigt uns an, wieviel Kohlenstoff (C) im Stahlgefüge enthalten ist – je mehr Sternchen, umso mehr Kohlenstoff enthält das Metall. Bei einem einfachen Baustahl, der nur wenig Kohlenstoff enthält und damit gut schmiedbar und schweißbar ist, enthalten die Schleifstrahlen nur wenige Sternchen. Für die Abb. 2.4 wurde zur Verdeutlichung ein Stahl mit einem Kohlenstoff-Gehalt von über 1% gewählt.

Auch die Lieferform, wie z.B. Bleche, Profilstähle, Rohre, oder ggf. vorhandener Rost an den Oberflächen kann bei der Identifizierung der Metallart helfen.

Metalle identifizieren

Einige wichtige Unterscheidungsmerkmale finden sich bereits in Tabelle 2.1, insbesondere Gewicht (Dichte) und Schmelztemperatur der verschiedenen Metalle.

Stahl

Neben dem Aussehen (vgl. Abb. 2.2) geben ein vorhandener Magnetismus (Ausnahme: bestimmte hochlegierte Edelstähle) sowie die Funkenprobe am Schleifstein weitere Anhaltspunkte.

Im insgesamt hellen Funkenbild des Stahls sieht man im Endbereich der Strahlen kleine, beson-

2.2: Formen von Stahl, links Vollmaterial, verzundert, Mitte: Rohrprofil, leicht angerostet, rechts: Blech, geschliffen

2.3: Funkenbild eines Handlauf-Rohrrestes, rostfrei, unmagnetisch, sehr wenig Kohlenstoff

2.4: Hochkohlenstoffhaltiger Werkzeugstahl (Feile)

2.5: Gusseisenteile: verrostet, rau, geschliffen

Gusseisen
Gusseisen hat meist eine raue Oberfläche, trägt manchmal vertieft oder erhöht eingegossene Zahlen oder Zeichen und gibt beim Anklopfen einen dumpfen Klang.

Aluminium
Aluminium ist sehr leicht und hat nur ca. 1/3 des Gewichtes von Stahl. Es ist nicht magnetisch und zeigt kein Funkenbild. Mittels Tüpfelproben durch Salmiakgeist, verdünnte Natronlauge und Salpetersäure lassen sich Rückschlüsse auf die Legierungsbestandteile ziehen, wenn zuvor eventuelle Überzüge an der Prüfstelle entfernt werden. Nähere Informationen dazu in der Literatur oder beim Gesamtverband der Aluminiumindustrie e.V. in Düsseldorf (siehe Literaturverzeichnis).

Kupfer
Kupfer ist nicht magnetisch und zeigt kein Funkenbild. Es ist vorwiegend in Form von Blechen, Drähten und Rohren im Gebrauch und klingt beim Klopfen eher dumpf.

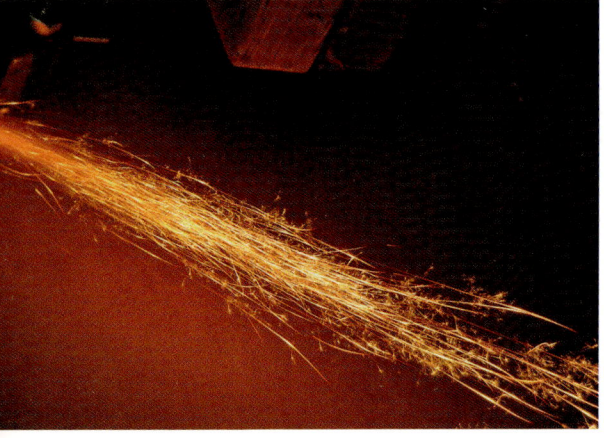

2.6: Gusseisen zeigt im Ansatz ein dunkelroteres Strahlbild als Stahl, wobei im Schweif besonders viele helle Kohlenstoffsternchen sichtbar werden; Grauguss enthält über 2% C.

2.7: Geschliffenes Kupferblech sowie ungeschütztes, leicht oxidiertes Rohrstück und Schale mit Patina.

2.8: 2 Aluminiumteile mit natürlicher Oxidschicht; rechts ein blank geschliffenes Blech.

Rotguss

Rotguss ist ebenfalls nicht magnetisch, auch die Funkenprobe fällt negativ aus. Gebräuchliche Lieferform sind Rundmaterial, Rohre und Gussteile.

Messing

Messing ist nicht magnetisch und zeigt ebenfalls kein Funkenbild. Neben Blechen und Drähten ist es vor allem in Form von Gussteilen im Gebrauch.

2.9: Werkstücke aus Rotguss, links ein gedrehtes Rohrstück, rechts eine gesägte Platte.

2.10: Messingfitting und -blech links sind ungeschützt und oxidiert, rechts ein geschliffenes Blech.

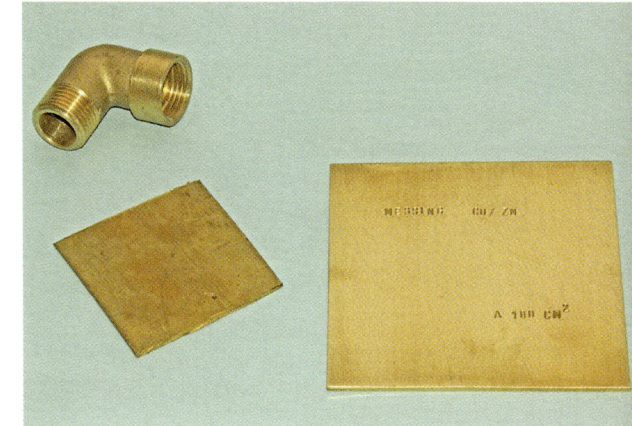

3.1: Diese Sicherheitsausrüstung sollte in jeder Werkstatt vorhanden sein.

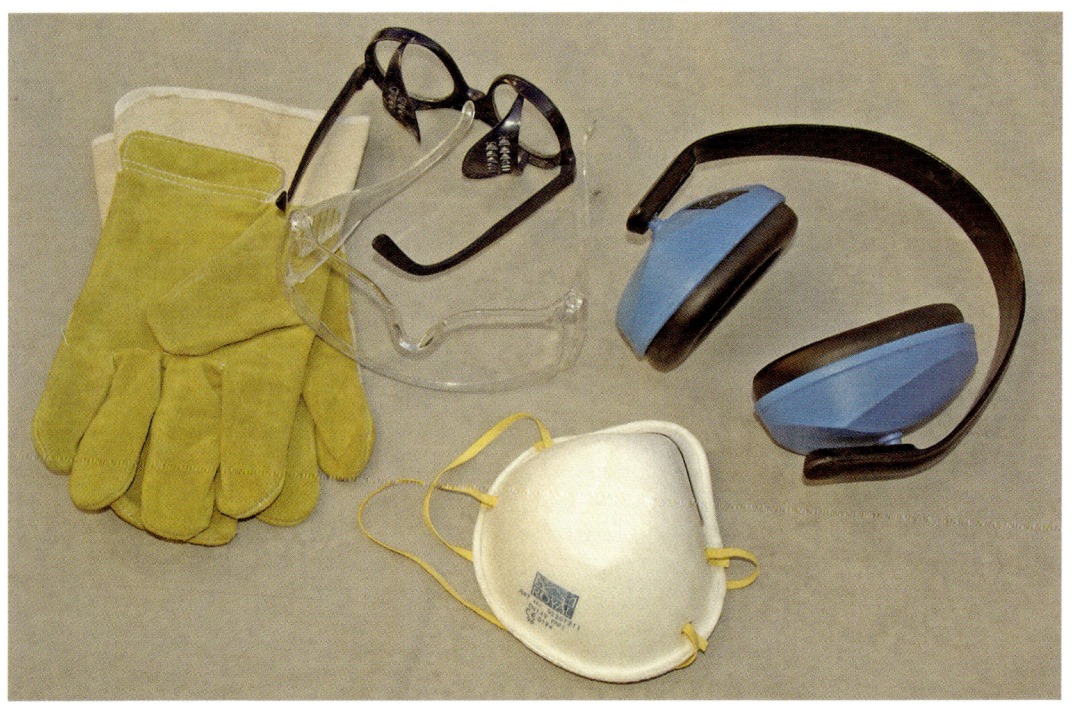

3 Arbeitstechniken und Werkzeuge

Wer gern handwerklich tätig ist, richtet sich in der Regel einen eigenen Werkplatz ein. Oft fängt das klein an, mit einem alten Tisch oder einer Werkbank im Keller, mit Schraubstock und Bohrmaschine. Eine Reihe Bohrer kommt dazu, es folgen Feilen, Hämmer sowie Körner, Sägen, Zangen und vieles mehr. Die Reihe kann sehr lang werden, so dass sich der Platz im Keller nach und nach in eine kleine Werkstatt verwandelt.

Wissen über Werkzeuge und Handwerkstechniken erleichtern ganz allgemein den Umgang mit Metallen, und insbesondere natürlich auch deren Wiederverwendung. Daher gibt dieses Kapitel eine Übersicht über grundlegende Werkzeuge und die entsprechenden Arbeitstechniken, die natürlich keine umfassende Ausbildung in diesem großen Fachgebiet ersetzen kann. Zur Ergänzung können weiterführende Fachliteratur ebenso dienen wie Lehrgänge und Kurse von Berufsverbänden oder freien Fortbildungsträgern.

3.1 Sicherheit

Nicht von ungefähr gibt es zur Arbeitssicherheit und Unfallverhütung von den Berufsgenossenschaften erlassene Vorschriften und Hinweise. Hier die wichtigsten Auszüge daraus:

- Bei der Arbeit eng anliegende Kleidung (nicht solche aus Kunstfaserstoffen) und feste Schuhe tragen.
- Lange Haare unter eine Mütze stecken oder einbinden.
- Bei Zerspanungsarbeiten an Maschinen, vor allem beim Schleifen, Schutzbrille tragen.
- Bei Geräusch- und Schadstoffemissionen Gehör- und ggf. auch Atemschutz einsetzen; wo erforderlich, Handschuhe tragen.
- Zum Schutz gegen Funken und Spritzer beim Schweißen Lederschürze und -handschuhe benutzen.
- Beim Bohren das Werkstück fest einspannen, gegen Mitdrehen (Mitreißen) durch den rechts drehenden Bohrer sichern.
- Am Schleifstein ist besondere Vorsicht abgebracht, das Werkstück darf nie zwischen Auflage und die drehende Schleifscheibe geraten!
- Vorsicht, wenn mit lösungshaltigen, entzündlichen Reinigungsmitteln oder Farben gearbeitet wird, der Raum sollte auf jeden Fall gut belüftet sein.

- Feuerlöscher und Hausapotheke gehören in jede Metallwerkstatt!
- Ordnung halten, keine heruntergefallenen Gegenstände auf dem Boden liegen lassen. Das erleichtert nicht nur das Arbeiten, sondern erhöht auch die Sicherheit.
- Notruf-Telefonnummern sichtbar bereithalten.

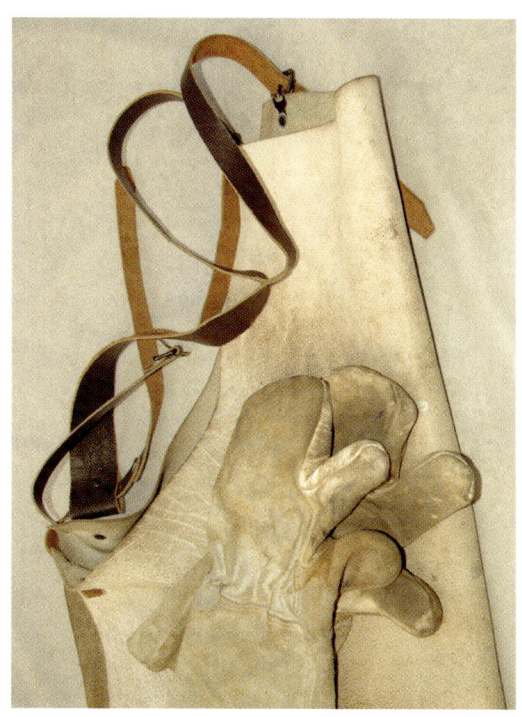

3.2: Schweißer-Schürze und -Handschuhe.

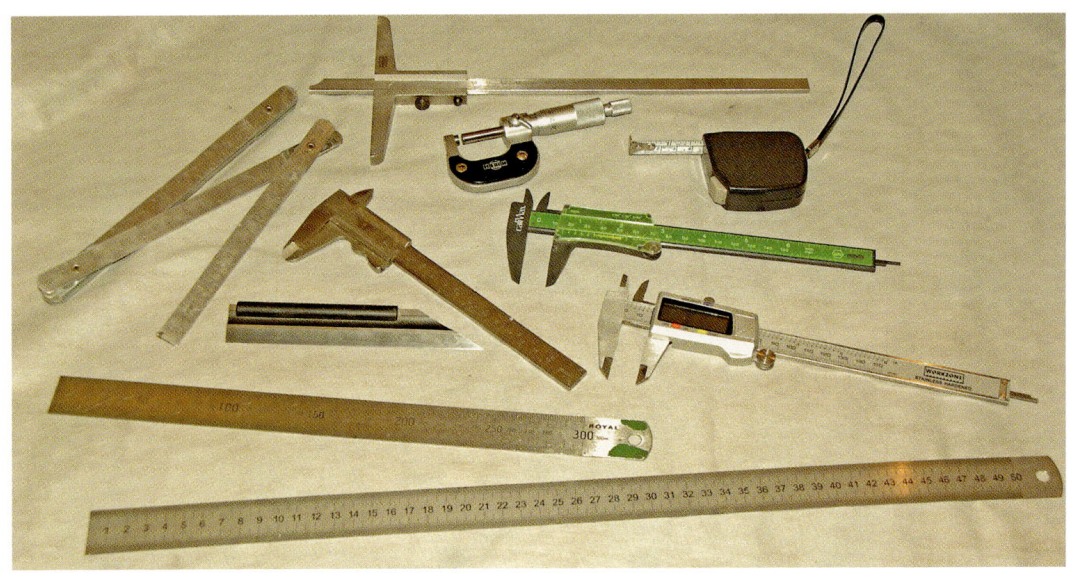

3.3: Messwerkzeuge: Tiefenmesser, Gliedermaßstab aus Alu, Mikrometerschraube, Rollmaß, Haarlineal, Schieblehren, Messstäbe (Lineale).

3.2 Werkzeuge zum Messen und Anreißen

Bevor ein Werkstück bearbeitet wird, sollten wir seine Länge, Breite, Höhe genau kennen, also das Ausgangsmaterial mit Stahllineal oder Schieblehre abmessen. Die Maße des fertigen Metallteils werden dann in der Regel in einer Zeichnung bestimmt und festgehalten. Alle Maße werden in Millimetern angegeben (ohne die Maßeinheit mm dazuzuschreiben). Ausnahmen sind zulässig, wenn die Maßeinheit (also z.B. cm oder m) angefügt ist.

An der Schieblehre (Messschieber) dienen die zwei unteren Schenkel zum Außenmessen, die zwei spitzen Messschneiden oben zur Innenmessung und mit dem Stift am Ende der Schieblehre lässt sich die Tiefe bestimmen, z.B. einer Bohrung. Die Schieblehre hat eine Nonius-Skala, die das Ablesen der Messstrecke bis auf 1/10, 1/20 oder 1/50 eines Millimeters genau erlaubt. Mit Batterie bestückte Digital-Schieblehren zeigen bis auf 1/100 mm genau an, sind aber nicht ganz so ver-

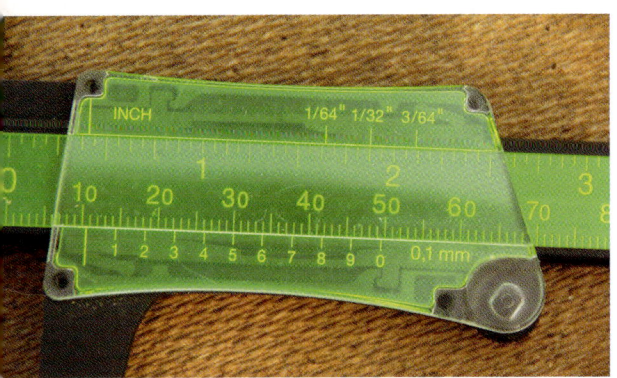

3.4: Die Noniusskala erlaubt genaues Abmessen: zehnkommafünf Millimeter.

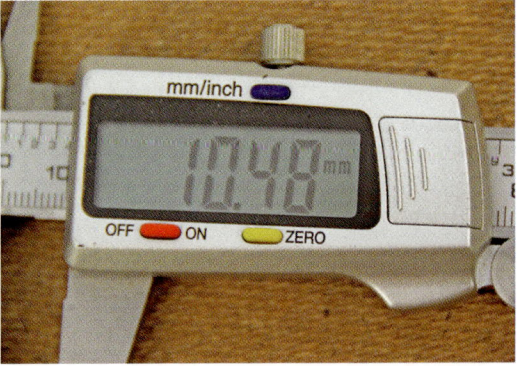

3.5: Mit Elektronik ist es übersichtlicher und noch genauer: zehnkommaachtundvierzig.

lässlich wie die Mikrometerschraube (Messschraube), die es schon länger gibt. Ähnlich der Schieblehre ist der spezielle Tiefenmesser (siehe im Bild 13 oben) aufgebaut, meist mit Nonius auf 1/10 oder 1/20 genau.

Der 90°-Anschlagwinkel dient zum Messen und zum Anzeichnen mit der Reißnadel von Linien und rechten Winkeln. Der Mittenanreißer erlaubt es, die Kreismitte an einem runden Werkstück festzulegen, die mit Körner und Hammer eingestempelt wird (so wie auch andere Punkte markiert werden, z.B. wo gebohrt werden soll). Mit dem Haarlineal prüft man die Ebenheit von Flächen, indem es auf die Fläche gesetzt und gegen das Licht gehalten wird. Kreide und Filzstifte erlauben das Anzeichnen auf dunklen oder blanken Flächen bei weniger genauen Anforderungen.

Der Parallel- oder Höhenanreißer wird auf einer speziellen Anreißplatte oder zumindest auf einer ebenen Fläche eingesetzt, um an größeren Teilen mehrere Markierungen in jeweils gleicher Höhe anzubringen.

Mit dem Stangenzirkel lassen sich große Kreise ziehen, z.B. auf Blech. Die Länge der Stange und die Größe der Blechplatte begrenzen den Durchmesser.

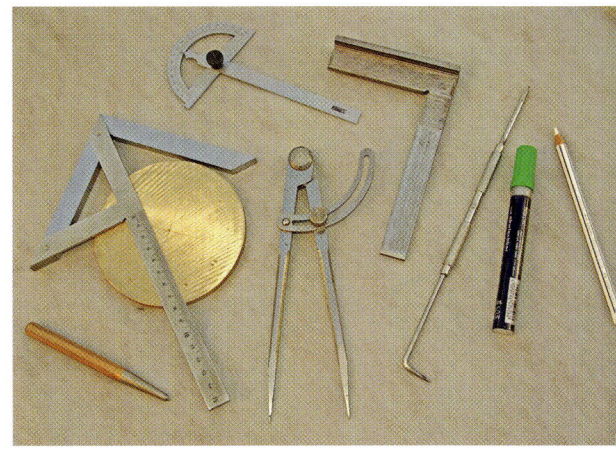

3.6: Werkzeuge zum Anreißen und Markieren

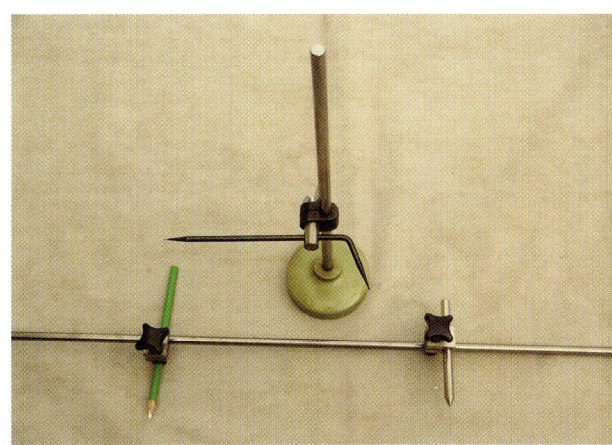

3.7: Parallel-/Höhenanreißer und Stangenzirkel

3.3 Spannen

Da ist zuerst einmal der (Schlosser-) Schraubstock mit etwa 125 mm Backenbreite, etwas erhöht montiert für eine gerade Rückenhaltung. An meinem Schraubstock habe ich zur Schonung empfindlicher Werkstückflächen zwei Aluminium-Schutzbacken mit kleinen Schrauben befestigt, die nur für grobe Arbeiten abgenommen werden. Dieser Schraubstock tut nun schon über 40 Jahre gute Dienste, die Werkbank – aus einer Firmenauflösung – bereits seit mehr als 30 Jahren.

3.8
Werkbankecke mit Werkstück: Das Werkstück möglichst tief einspannen, damit es beim Bearbeiten nicht federt oder kreischt. Das gilt besonders bei leichten, dünnen Teilen.

3.4 Sägen

Auch wenn eine maschinelle Metallkreis-, Bügel- oder Bandsäge zur Verfügung steht, kann auf die Handbügelsäge, besonders bei kleinen oder dünnen Werkstücken, nicht verzichtet werden. Auch eine kleine Universalsäge für Metall ist nützlich. Zum Sägen an engen, schwer zugänglichen Stellen ist ein Halter mit eingespanntem Sägeblatt hilfreich.

Für kleine, feine Arbeiten mit Blech kann die Laubsäge oder die Dekupiersäge verwendet werden, für die es auch fein gezahnte Metall-Sägeblätter gibt.

3.9: Weitere Spannwerkzeuge: Schraubzwinge, Gripzange, Feilkloben, Federklemme, Magnethalter. Typische Anwendungen finden sich in Kapitel 4.

3.10: Handbügelsäge, Universalsäge und Metallsägeblatt mit Halter.

3.11: Dekupiersäge, Laubsäge

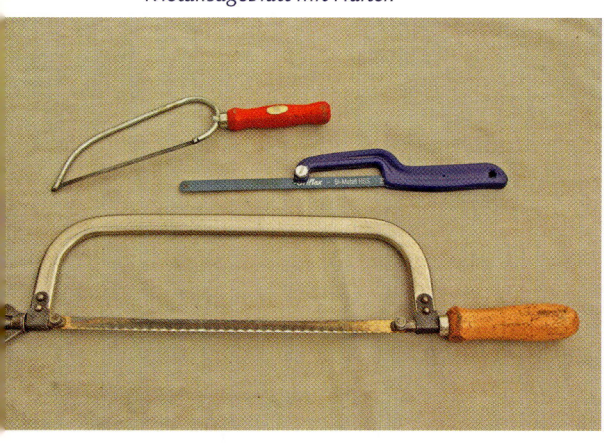

3.12: Horizontal-Bandsäge (links) und Kreissäge (rechts) für Metall.

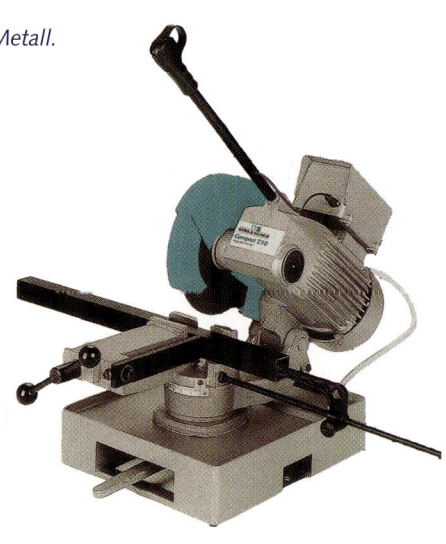

3.5 Schneiden, Trennen

Handblechscheren eignen sich für dünne Bleche, aber selbst bei solchen mit Hebelübersetzung ist ab etwa 1,5 mm dickem Stahlblech die Grenze erreicht, während die Hebelschere bis 5 mm Dicke noch ziemlich gut mithält.

Auch elektrisch betriebene Handblechscheren (Nibbler, Nager) sind nur in bestimmten Ausführungen für Stahlbleche über 1,5 mm Dicke geeignet. Dafür sind sie gute Kurvenschneider.

Seitenschneider braucht man zum Durchschneiden von Kabeln und dünnen Drähten, Bolzenschneider in verschiedenen Ausführungen für dickere Stangen.

Mit Flach- oder Kreuzmeißel und Schlosserhammer (400 - 500 g) klopfen wir überstehende Kanten ab oder Metallspritzer vom Elektroschweißen. Der Spitzenwinkel der Meißel beträgt ca. 60°.

Der elektrische Winkelschleifer mit dünner Trenn-Schleifscheibe – von 0,8 bis 3 mm Dicke – und je nach Ausführung mit einem Scheibendurchmesser zwischen 115 und 230 mm hat weite Verbreitung gefunden. Beim Arbeiten damit sollte aber kein seitlicher Druck ausgeübt werden, die Scheibe könnte sonst brechen.

3.13: Handblechscheren, ohne und mit Hebelübersetzung.

3.14 (rechts): Hebelschere

3.15 (unten links): Blech-Nibbler

3.16 (unten rechts):
Hammer, Seitenschneider, Meißel, Bolzenschneider

3.17: Hand-Winkelschleifer in der Einspannvorrichtung, hier zum Aufschleifen von Rohrhülsen

Das länger dauernde Handsägen wie auch manche Maschinen-Sägearbeit lassen sich durch dieses „Flexen" einfach und preiswert ersetzen. Eine kleine Einspannvorrichtung kann manche Arbeit erleichtern.

Wegen der anfallenden feinen, zunächst glühenden Schleifspäne sollte man Schutzbrille, Handschuhe und Staubmaske benutzen, auch Lederschürze und ein Gehörschutz sind zu empfehlen.

3.6 Feilen

Es gibt grobe Schruppfeilen in Abstufungen bis hin zu sehr feinen Schlichtfeilen. Mit den letzteren kann man Metalloberflächen so eben und glatt herstellen, als ob sie geschliffen wären. Besonders gut gelingt das, wenn beim letzten Arbeitsgang die Zähne der Schlichtfeile mit Tafelkreide zugestrichen werden.

Die üblichen Querschnitte sind in Abb. 3.18 zu sehen; an zweiter Stelle liegt eine grobe Feile für weiches Metall, dessen Späne in fein gehauenen Feilen leicht hängen bleiben würden, sowie ganz links eine Holzraspel. Mit der Feilenbürste werden

3.18: Feilenbürste, Holzraspel, Aluminium-Schruppfeile, Messerfeile, 4-Kant-, 3-Kant-, Rundfeile, Halbrundschlicht-, Flach-Schruppfeile

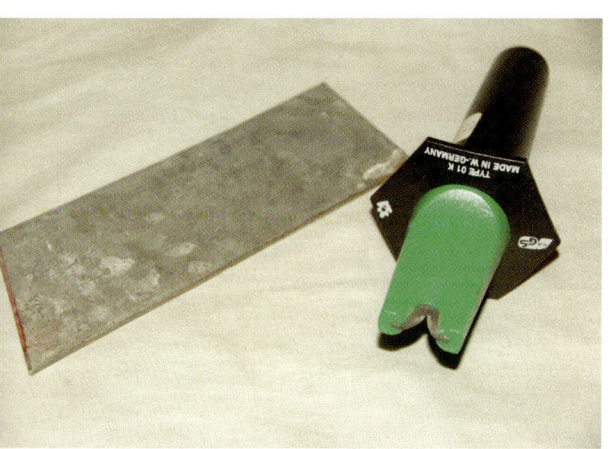

3.19: Entgratwerkzeug für Blechstärken bis 5 mm mit Werkstück.

3.20: Schlüsselfeilen

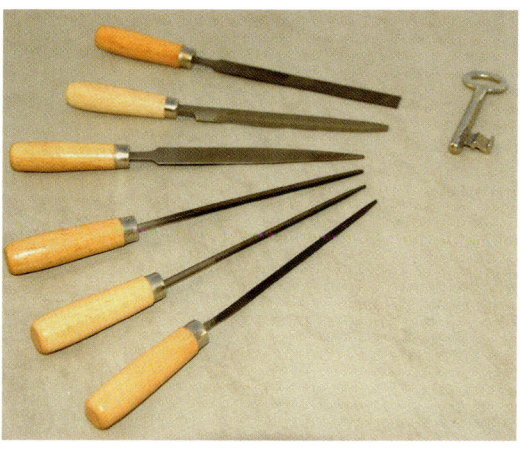

die Feilenverzahnungen von Schmutz und festhängenden Spänen gereinigt.

Schlüsselfeilen dienen für feine und genaue Arbeiten. Ihr Name stammt wohl noch aus der Zeit, da des Schlossers Hauptaufgabe darin bestand, Schlösser und die dazu gehörigen Schlüssel herzustellen.

Beim Absägen oder Abschneiden entstehen scharfe Kanten – sogenannte Grate – am Werkstück. Sie werden mit einer Feile entfernt, d.h. entgratet. Mit Entgraten ist aber nicht Abrunden oder viel Wegfeilen gemeint, sondern nur die „Kanten zu brechen". Wenig ist hier meist schon genug. Für Leute, die diese Arbeit sehr häufig an Blechen zu erledigen haben, gibt es spezielle Entgratungswerkzeuge, siehe Foto 3.19. Daneben benutzt man Feilen, um raue Flächen zu glätten, Ecken abzurunden, Teile einander anzupassen usw.

3.21: Arbeitshaltung beim Feilen

3.7 Biegen und Treiben

Diese Arbeiten sind für uns vor allem bei Flachmaterial, insbesondere Blechen, und nur bei weichen bzw. zähen Metallen von Bedeutung.

Die an anderer Stelle genannten Gebrauchsmetalle, mit Ausnahme von Gusseisen und gehärteten Stählen, sind alle mehr oder weniger gut dafür geeignet. Nehmen wir an, ein Flachstahl mit dem Querschnitt 6 x 40 mm muss rechtwinklig umgebogen werden, um später eine Ecke zu versteifen oder ein Regalbrett zu unterstützen. An der entsprechenden, vorher mit Anschlagwinkel und Reißnadel angezeichneten Linie wird der Flachstahl fest in den Schraubstock eingespannt und mit einem Schlosserhammer oder einem 1000 g-Hammer kalt umgehämmert. Beim 6 mm Flachstahl geht das gerade noch gut, ab 8 mm Dicke ist das Biegen sehr mühsam und ab 10 mm ist es erforderlich, das Teil vor dem Biegen warm zu machen (warm bedeutet hier rotglühend). Dafür reicht gerade noch ein Campinggasbrenner, der sich den Sauerstoff aus der Umgebungsluft

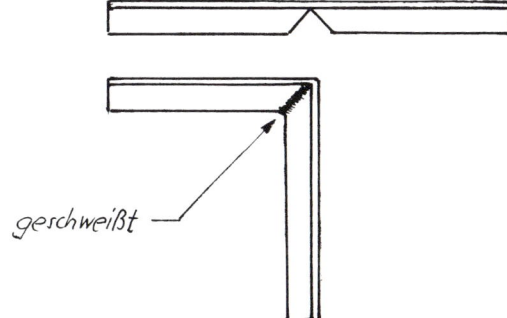

3.22:
Herstellung eines Winkels aus Stahl-Winkelprofil, oben aus Flachstahl.

holt. Bei dickeren Querschnitten braucht es den Schweißbrenner oder die Schmiedeesse.

Sollte der erwähnte umgebogene Flachstahl zum Tragen größerer Kräfte gedacht sein, kann die Ecke mit einer eingeschweißten Strebe verstärkt werden. Alternativ kann man auch ein Winkelprofil wählen, es ausklinken, biegen und nur die kurze offene Naht verschweißen.

Ausrunden und Wölben kann man ein Flachmaterial mit der spitzen Seite des Hammers über dem geöffneten Schraubstock.

Zum Biegen gibt es auch große und kleine Maschinen bzw. Vorrichtungen: Die in Abb. 3.24 gezeigte Vorrichtung dient in erster Linie zur Bearbeitung von Blechen bis 1 Meter Breite. Die Kante eines Bleches, auf der Abkantvorrichtung z.B. um 20 mm rechtwinklig abgebogen, gibt einem Blech große Steifigkeit. Sollen Bleche U-förmig geformt werden, bedient man sich für das Biegen des zweiten Schenkels (im Schraubstock oder in der Vorrichtung) entsprechend dicker Beilagen (siehe Abb. 3.25).

An der Rollenbiege können durch Einstellen der Rollen zueinander ausgerundete Blechteile mit verschiedenem Biegeradius erzeugt werden. In den Rillen auf der rechten Seite lassen sich Drähte bis maximal 12 cm Durchmesser zu verschiedenen Radien formen.

Auch Stahlrohre können gebogen werden, wenn die Radien nicht zu klein werden. Dazu werden sie mit Sand gefüllt, beidseitig verstopft, an der Biegestelle warm (glühend) gemacht und über ein dem gewünschten Radius entsprechendes Gegenstück gebogen (z. B. ein dickes Stahlrohr).

Bei schrittweisem Vorgehen ist dies auch ohne Gegenstück und Sandfüllung möglich. Das Rohr wird neben der Biegestelle in den Schraubstock eingespannt, erwärmt und dann ein Stück weit gebogen, bis es beginnt, sich oval zu verformen. Dann nimmt man es aus dem Schraubstock, dreht es um 90° und presst die Ovalität mit dem

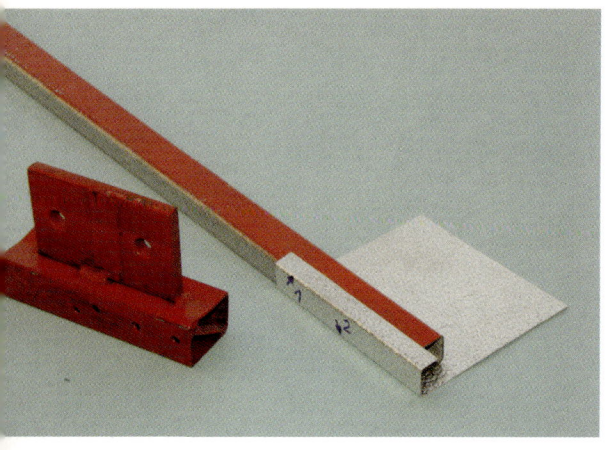

3.23 (oben): Blechwölben am Schraubstock.

3.24 (Mitte): Handwerker-Blechabkantvorrichtung.

3.25 (unten):
Biegebeilagen zum Biegen von U-Schenkeln.

3.27 (oben):
Kunststoffhammer, Holzhammer und Treibhammer.

3.26 (links): *Rollenbiegevorrichtung.*

Schraubstock weg. Diese Schritte sind zu wiederholen, bis die gewünschte Rundung erreicht ist. Für das Treiben bedarf es eines Treib- oder auch eines Schon- oder Holzhammers und vorzugsweise einer Gegenmulde, wofür Hartholz gut geeignet ist. Kupferblech ist der ideale Werkstoff für Treibarbeiten, aber auch Aluminium-, Messing- oder Stahlbleche kommen infrage. Titan-Zinkblech, ein noch nicht lange gebräuchlicher Werkstoff, ist ebenfalls sehr gut formbar.

Entsprechende Objekte und Skizzen einer Holzform zeigen die Abb. 4.18 und 4.19 in Kapitel 4.

3.8 Schaben, Schleifen, Polieren

Der Flachschaber zum Glätten vorgearbeiteter, z.B. gefeilter Flächen, um deren Genauigkeit und Ebenheit zu erhöhen, ist heute aus der Mode gekommen. Der Dreikantschaber ist aber weiterhin in Gebrauch, vor allem, um innenliegende scharfe Kanten zu brechen.

An der Schleifmaschine können wir Werkzeuge wie Reißnadel, Körner, Meißel, Schaber und Boh-

3.28: Dreikantschaber

3.29: Schleifmaschine

rer schärfen. Auch Konturen an Werkstücken lassen sich damit beschleifen. Elektrische Schleifmaschinen haben meist zwei Schleifscheiben, eine grob gekörnte und eine feine zum Fertigschleifen.

Es wird stets am Außenumfang der Scheibe geschliffen, nicht an den Seitenflächen, unter Beachtung der Sicherheitshinweise, siehe Kap. 3.1. Ist die Außenfläche abgenützt oder furchig, wird sie mit einem Abrichtstein wieder begradigt.

Ein Nachglätten von Schneiden mit der Hand auf dem Abziehstein verbessert deren Schärfe weiter, ist aber vor allem bei Messern und Holz-Stemmeisen angebracht, weniger bei den oben erwähnten Metallwerkzeugen. Auch der Abziehstein bietet zwei Körnungen, eine feine und eine sehr feine Schicht. Auf letzterer wird unter Zugabe von Wasser oder Öl (Ölstein) geschliffen bzw. abgezogen.

Der Winkelschleifer ist bei der Stahlbearbeitung sehr nützlich und entsprechend häufig in Gebrauch.

3.30 (oben):
Abrichtstein für die Maschinen-Schleifscheiben.

3.31 (2. von oben):
Abziehstein zum Schärfen von Werkzeugschneiden.

3.32 (links): Winkelschleifer mit verschiedenen Schrupp- und Schleifscheiben.

3.33 (unten links):
Dreieckschleifer und Exzenterschleifer.

3.34 (unten rechts):
Schleifpapiere, Schleif-Vliese und Schleifklötze, oben Stahlwolle und Küchenschwamm.

Hauptsächlich benutzt wird er zum Abschleifen von Ecken und Kanten sowie zum Beschleifen geschweißter Teile. Dafür gibt es stabile, keramisch gebundene Scheiben sowie Lamellen-Schleifscheiben verschiedener Körnung, siehe Foto 3.32.

Niemals sollten die weiter oben erwähnten Trennscheiben dafür verwendet werden. Sie sind nicht für seitlichen Druck und seitliche Abnutzung ausgelegt.

Auch zum Feinschleifen und Polieren von Oberflächen gibt es kleine Maschinen in vielfältiger Ausführung:

Wir zeigen nur zwei, einen Dreieckschleifer, der es erlaubt, bis in Ecken zu gelangen und einen Exzenterschleifer, der sich mit den entsprechenden Scheiben zum Schleifen und Polieren eignet.

Vielfach jedoch genügt ein Schleifklotz mit Schleifleinen oder –papier verschiedener Körnung, von 80 bis 1200. Ab einer Körnung von 400 spricht man von Polieren. Daneben können grobe und feine Stahlwolle, Vlies-Pads zum Reinigen und Polieren empfindlicher Oberflächen wie auch der weithin bekannte gelbgrüne Küchenschwamm/-polierer benutzt werden.

3.9 Bohren, Reiben, Senken

Je nach zu bearbeitendem Material kommen verschiedene Bohrer zum Einsatz, wobei vor allem drei wichtige Arten zu unterscheiden sind: Bohrer für Metall, für Holz und für Stein (Abb. 3.35). Die Spirale dient dem Entfernen des ausgebohrten Materials, bei Metall und Holz sind das mehr oder weniger lange Späne. Für Metalle wiederum gibt es Bohrer in verschiedenen Stahl-Qualitäten und Ausführungen der Spiralen. Für universelle Anwendungen dienen HSS-(Schnellarbeitsstahl-) Bohrer in Normalausführung, für sehr hartes Material gibt es HSS-E-Bohrer, die auch mit HSS-Cobalt bezeichnet werden. Der Anschliffwinkel der Bohrerspitze sollte ca. 118° betragen. Spezielle Bohrer mit 180° Anschliff, also plan geschliffene mit Zentrumsspitze, ergeben exakt runde Bohrungen und sind gut geeignet für weiche Werkstoffe sowie zum Bohren von Sacklöchern mit ebenem Grund.

Wer viel und genau arbeiten will, verwendet einen Bohrersatz von eins bis zehn Millimeter Durchmesser mit 1/10 mm-Abstufung. Für einfachere Arbeiten genügt eine Stufung in 0,5 mm-Schritten. Bei größeren Durchmessern ist es meist ausreichend, ggf. Bohrer mit einigen gängigen Durchmessern zur Auswahl zu haben.

Für große Bohrungen in Blechen bis ca. 6 mm Stärke nimmt man Stufen- oder Schälbohrer sowie Kreisschneider (bis max. 12 mm Tiefe und

3.35: Bohrer für Metall, Holz, Stein (von links).

3.36: HSS-Kobalt-Bohrer für harten Stahl.

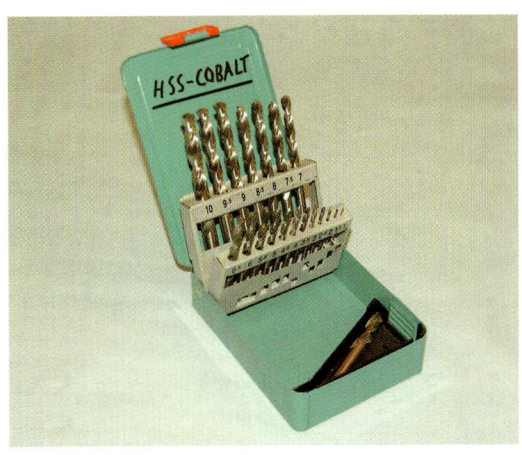

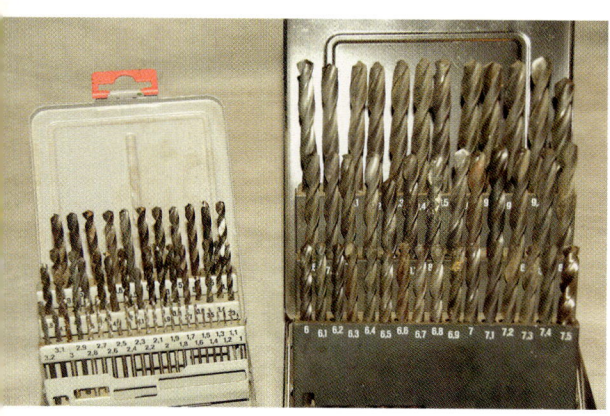 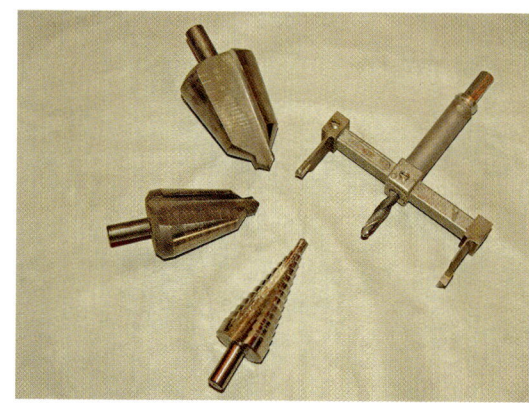

3.37: 101 Bohrer umfasst der Satz von 1,0 bis 10 mm, mit 0,1 mm aufsteigend.

3.38: Stufen- und Schälbohrer von 6 bis 50 mm ø, rechts ein Blech-Kreisschneider bis 110 mm ø.

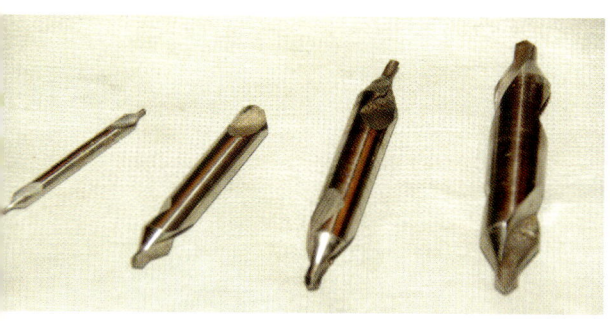 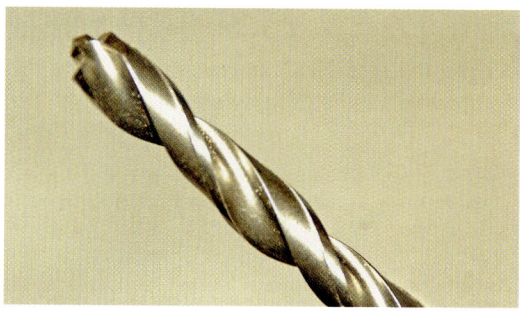

3.39: Zentrierbohrer, teils nach längerem Gebrauch.

3.40: Bohrer für ebenen Grund mit Zentrierspitze.

3.41: Säulenbohrmaschine für Tischmontage mit kleinem Maschinenschraubstock.

3.42: Handbohrmaschine im Bohrständer.

 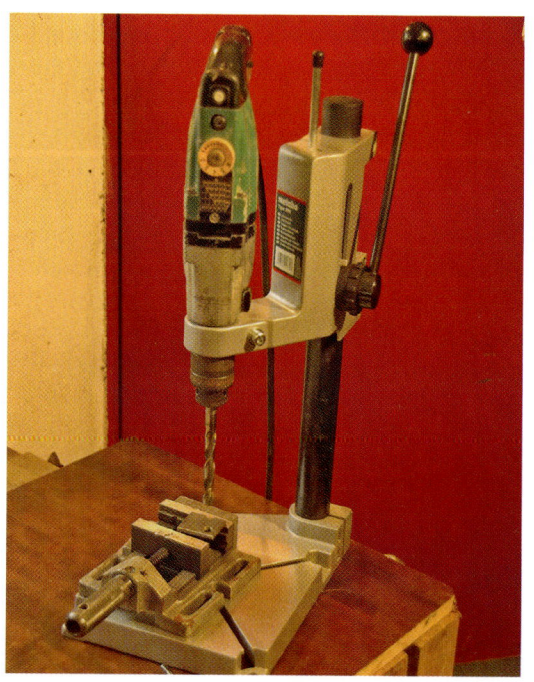

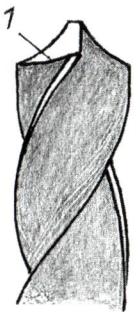
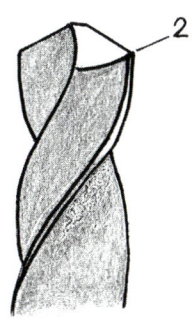

3.43: Anschleifen der Bohrerschneide.

3.44: Beim Bohrer anschleifen (nachschärfen).

400 mm Durchmesser). Der in Abb. 3.38 gezeigte Kreisschneider ist eine sehr leichte Ausführung und nicht für harte Metalle geeignet. Als Besonderheit sind noch die Zentrierbohrer zu erwähnen. Sie sind sehr steif und erlauben ein punktgenaues Anbohren.

Die Bohrmaschine dürfte für den Metallwerker wohl die letzte Werkzeugmaschine sein, auf die er verzichten wollte. Mindestausstattung ist eine Handbohrmaschine mit Bohrständer zum Aufspannen auf dem Arbeitstisch, dazu ein kleiner Maschinenschraubstock.

Doch gibt es auch kleine Tisch- oder Säulenbohrmaschinen mit über Stufenscheiben und Keilriemen einstellbarer Drehzahl und gutem Preis-Leistungs-Verhältnis.

Für das Schärfen, Anschleifen der HSS-Metallbohrer werden Bohrer-Schleifvorrichtungen angeboten. Man kann es aber auch ohne diese machen, und zwar an der Schleifmaschine mit der Feinkornscheibe. Man schleift von der Schneide ausgehend unter leichtem Druck und rechtsdrehend die Fläche hinter der Schneide etwas wegfliehend glatt (1). Beständiges Kontrollieren der Gleichheit beider Seiten der Spitze, indem der Bohrer gegen das Licht gehalten wird (rechtes Bild), ist wichtig. Wegen einer optischen Täuschung wirkt dabei der Punkt (2) geringfügig tiefer als die Gegenseite. Auch hierbei macht wie so oft, Übung den Meister.

Für exaktes Bohren empfiehlt es sich immer, Maschinen-Schraubstock und Werkstück fest aufzuspannen. Was die Bohrmaschinendrehzahl betrifft, so gilt: Je kleiner der Bohrer, desto höher die

3.45: Handreibahlen, Maschinenreibahle,

Drehzahl. Beim Bohren, besonders beim Arbeiten mit großen Bohrern, sollten Bohrer und Bohrstelle mit einem Gemisch aus Bohröl und Wasser im Verhältnis ca. 1:10 gekühlt werden.

Mit dem *Aufreiben* einer Bohrung unter Verwendung der Handreibahle stellen wir sicher, dass das Loch exakt rund ist und mindestens die Größe des Nennmaßes erreicht. Es könnte z.B. der Bohrer, der das Loch vorgebohrt hat, verschlissen sein, womit dann das Loch zu klein wäre und ein Stift, der sich darin vielleicht drehen sollte, zu fest säße.

Für diesen und vergleichbare Zwecke gibt es also die Reibahle. Sie ist auch in Ausführungen zur Anwendung bei Maschinenarbeit erhältlich, sowie als verstellbares, also auf bestimmte Durchmesser einstellbares Werkzeug und in kegeliger (konischer) Form. Letztere Ausführung wird beispielsweise genutzt, um mit einer konischen Bohrung

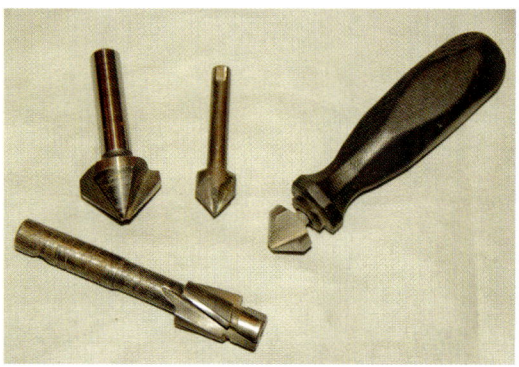

3.46: Verschiedene Senker für Maschinen- und Handbetrieb.

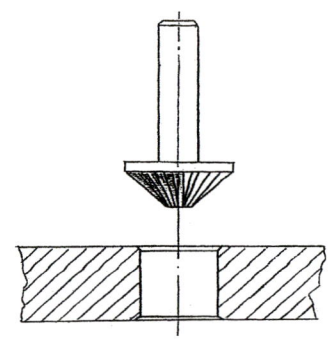

3.47: Senker zum Entgraten von Bohrungen.

und einem Kegelstift eine Welle mit der dazu passenden Hülse fest zu verbinden.

Die häufigste Anwendung eines *Senkers* ist wohl das Entgraten von Bohrungen. In der Regel muss besonders die Unterseite, also die Stelle, an der der Bohrer austritt, entschärft werden. Dafür benutzen wir einen 90°-Senker, den es auch als Handentgrater gibt.

Für Senkschrauben wird mit dem 90°-Senker stärker angesenkt, bis der Schraubenkopf plan mit der Werkstückoberfläche ist. Mit dem Flachsenker erreichen wir dasselbe für Zylinderschrauben (z.B. von Fa. Inbus).

3.10 Verbindungstechniken

Gebräuchlich sind sowohl lösbare Verbindungen, d.h. solche mit Schrauben, Stiften, Splinten und Passfedern, als auch die nicht (zerstörungsfrei) lösbaren Verbindungen durch Nieten, Aufschrumpfen, Kleben, Löten (siehe Kap. 3.12) und Schweißen (siehe Kap. 3.13).

Abb. 3.49 zeigt das typische Exemplar einer Schraube mit „Zubehör", und zwar eine Sechskantschraube mit metrischem Regel-Gewinde M12 x 35 (lang), verzinkt, Festigkeitsklasse 8.8, mit Scheibe, Federring und Mutter, sozusagen eine Normal-Schraube, die wir im Schraubenhan-

3.48: Schrauben und Zubehör gibt es in sehr unterschiedlichen Ausführungen.

3.49: Sechskantschraube mit metrischem Regel-Gewinde M12x 35 (lang), verzinkt, Festigkeitsklasse 8.8, mit Scheibe, Federring und Mutter.

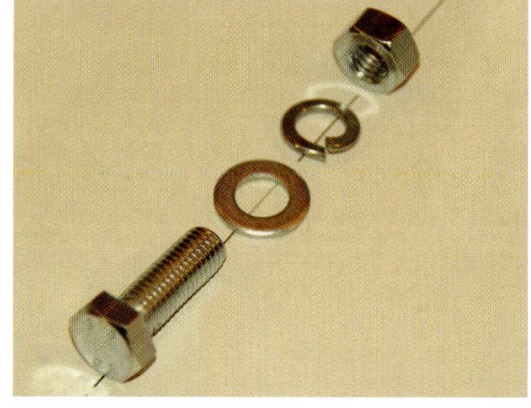

del bekommen, wenn wir nur M12 x 35 sagen. Scheiben und Muttern werden gesondert verkauft.

Die anderen Eigenschaften können variieren: Statt Regelgewinde gibt es solche mit Feingewinde, die Kopfform kann unterschiedlich sein, z.B. zylindrisch mit Innensechskant, statt „verzinkt" kann die Schraube auch blank sein oder aus Edelstahl bestehen. Außerdem gibt es niedrigere und höhere Festigkeitsklassen. Ebenso sind Scheiben, Ringe und Muttern in verschiedenen Ausführungen erhältlich. Eine Auswahl findet sich im Foto 3.48 sowie bei den Objektbeschreibungen. Auf

3.51:
Steckschlüssel-Garnitur klein (Mitnahme-Vierkant ¼ Zoll) mit Sechskant-Steckschlüssel-Einsätzen sowie Schlüsseln für Innensechskantschrauben und Doppelsteckschlüssel (Rohrausführung).

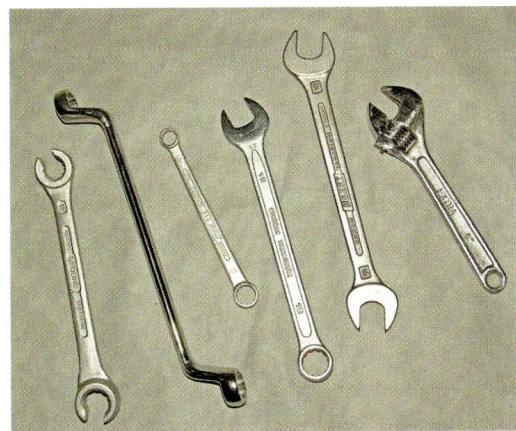

3.50: Von rechts: Rollgabel-, Doppelmaul-, Ring-/Maul-, Doppelring- gerade und gekröpft, Doppelringschlüssel offen.

3.52: Sechskant-Steckschlüssel-Garnitur groß, Mitnahme-Vierkant ½ Zoll.

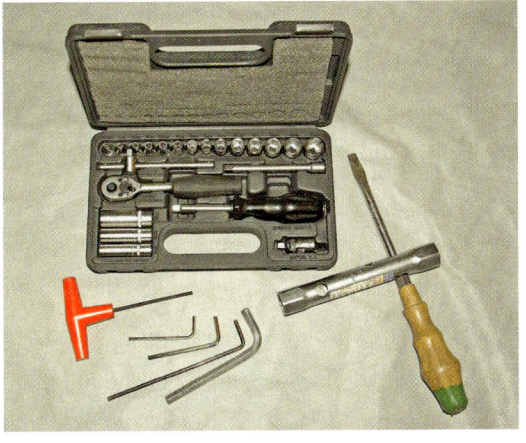

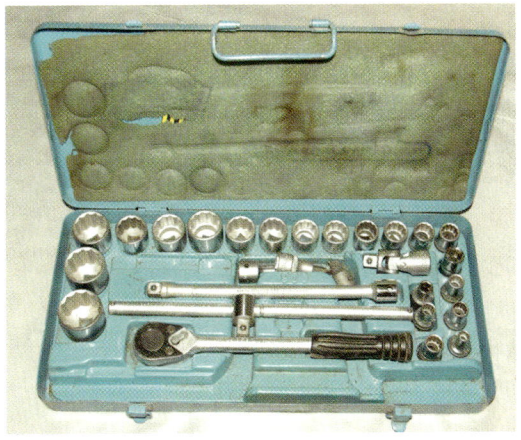

3.53: Flach-, Kreuzschlitz-, Torx- u.a. Schraubendrehereinsätze für Drehgriff oder elektr. Schrauber.

3.54: Schrauberset mit 2 Akkus.

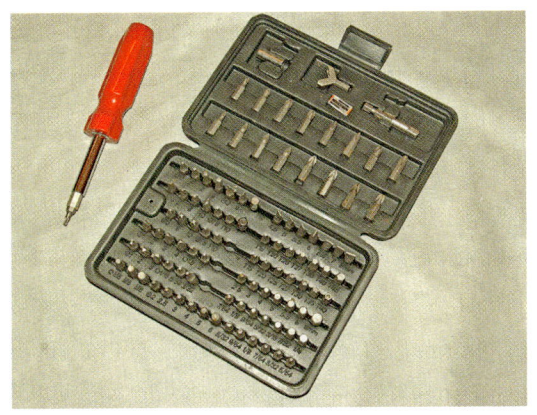

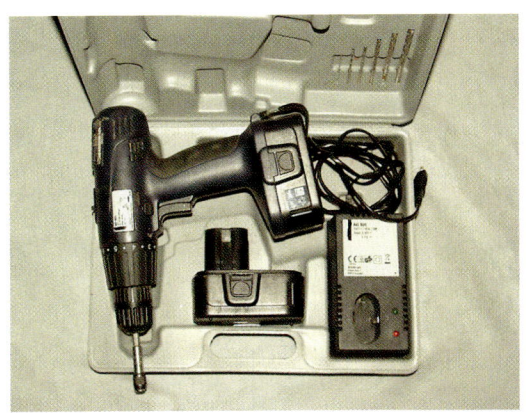

Gewinde kommen wir im Kapitel 3.11 noch zu sprechen,

Hier nun das Wichtigste zu den *Festigkeitsklassen*: Die Kennzahl für die Festigkeitsklasse rangiert – für Schrauben und Muttern analog – in neun Abstufungen von 3.6 aufsteigend bis 12.9. Die erste Zahl, im Beispiel 8, ergibt mit 100 multipliziert, die Mindest-Zugfestigkeit des Schraubenmaterials in N/mm², mit der zweiten Zahl ist die Dehngrenze bestimmt. Also: Je höher die Zahlen, desto besser und fester ist das Schraubenmaterial. Für die Verwendung im Fahrzeugbau ist mindestens die Güte 8.8 vorgeschrieben.

Um *Schrauben gegen Losdrehen* bei wechselnder Beanspruchung zu sichern, verwendet man Federringe oder Fächerscheiben, selbstsichernde Muttern mit eingelegtem Kunststoffring oder einen speziellen Klebstoff zur Schraubensicherung. Für Sonderfälle gibt es auch Draht- oder umzubiegende Blechsicherungen sowie Kronenmuttern mit Splint für durchbohrte Schrauben.

Werkzeuge zum *Anziehen und Lösen von Schrauben* gibt es je nach Kopfform und Größe der Schrauben in vielen Ausführungen. Bei der Wahl des besten Werkzeugs spielt auch die Zugänglichkeit am Werkstück eine Rolle. Abb. 3.50 zeigt eine Auswahl der gebräuchlichsten: Rollgabel-, Doppelmaul-, Ring-/ Maul- und Doppelringschlüssel gerade und gekröpft sowie Doppelringschlüssel offen.

Die Längen der Schlüssel sind so abgestuft, dass das Anziehdrehmoment einer Schraubverbindung mit „normaler" Handkraft erreicht wird.

An einem *Schrauber* kann das Anziehmoment anhand einer Drehskala eingestellt werden.

Passfedern und *Keilwellen* dienen der radialen Mitnahme zwischen Welle und Nabe (Abb. 3.56). Die rechts auf der Welle erkennbare Riffelung dient zum Festsitz eines aufgepressten rund ausgebohrten Teils. Eine „echte" Keilwelle ist deutlich gröber verzahnt und wird mit entsprechenden innenverzahnten Gegenteilen kombiniert.

Mit *Spann-, Zylinder-* oder *Kegelstiften* und *Kerbnieten* kann man weitere lösbare Verbindungen herstellen.

Splinte, durch Bohrungen in der Welle gesteckt und umgebogen, meist mit einer Scheibe dahinter, werden zur axialen Sicherung verwendet. Dem gleichen Zweck dienen federnde *Sicherungsringe*, (auch Seegerringe genannt), die auf Wellen oder in Bohrungen mit passenden Ringzangen in eingedrehte Nuten gespannt werden.

(Feder-) Spannstifte haben wenige zehntel Millimeter Übermaß und sitzen in einer Bohrung mit rundem Millimetermaß fest (z.B. Maß des Stifts 6,5 ø, Bohrung 6,0 ø).

Zylinder- und Kegelstifte müssen sehr genau gefertigt sein, um einen festen, aber noch lösbaren Sitz zu ergeben. Am genormten Kegelstift verjüngt sich der Durchmesser auf einer Länge von 50 mm um einen 1 mm (1:k = 1:50).

Kerbniete oder *–nägel* dienen ähnlichen Zwecken, wobei die Anforderungen an die Maßtoleranz weniger hoch sind.

Der klassische *Halbrundniet*, vor allem zur Verbindung von Blechen, und hauptsächlich aus den

3.55: *Splinte und Sicherungsringe.*

3.56: *Passfeder, dazu Welle und Scheibe.*

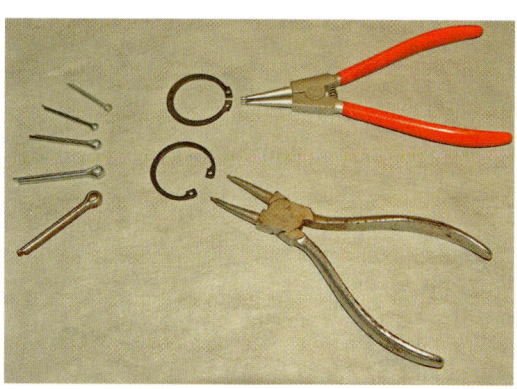
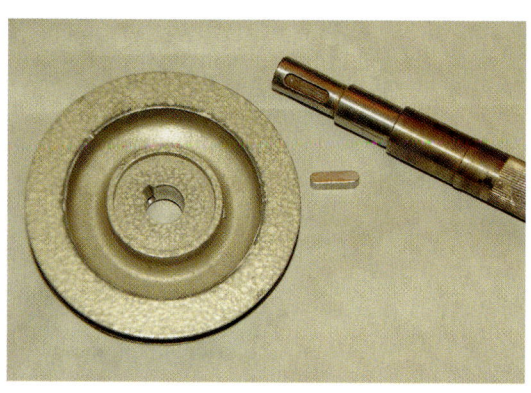

3.57: Kerbniete, Spann-, Zylinder- und Kegelstift.

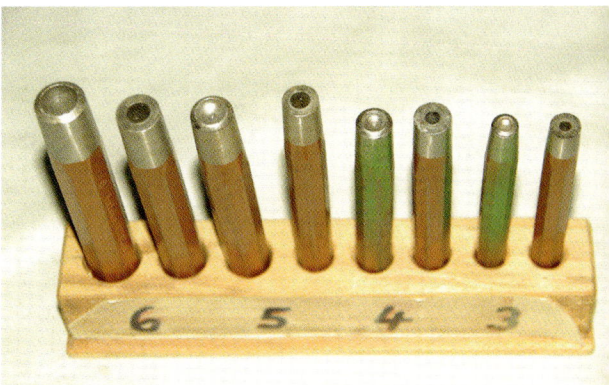

3.58: Nietenzieher, Döpper (Kopfsetzer).

Werkstoffen Stahl, Kupfer und Aluminium hergestellt, wird in drei Schritten verarbeitet: Zusammenpressen der Teile mit dem Nietenzieher, Breitklopfen, d.h. Stauchen des Niets mit dem Hammer und Formen des Kopfes mit dem Döpper.

Ganz praktisch gestaltet sich auch die Verwendung von Blindnieten. Hierbei wird der herausragende Stift von einer speziellen Nietzange gefasst, zieht damit den Niet gegen den daran befindlichen Teller und formt so auf der Gegenseite eine Verdickung, bis der Stift bei definierter Kraft an einer vorgegebenen Sollbruchstelle abreißt. Gegen Ausreißen können Scheiben untergelegt werden.

Um eine Nietverbindung zu lösen, wird der Nietkopf mit dem Meißel abgeschlagen und der Niet mit einem *Dorn* (auch Durchschlag genannt) herausgeklopft.

Mit *Aufschrumpfen* schafft man ebenfalls feste Verbindungen, z.B. zwischen einer Welle und ei-

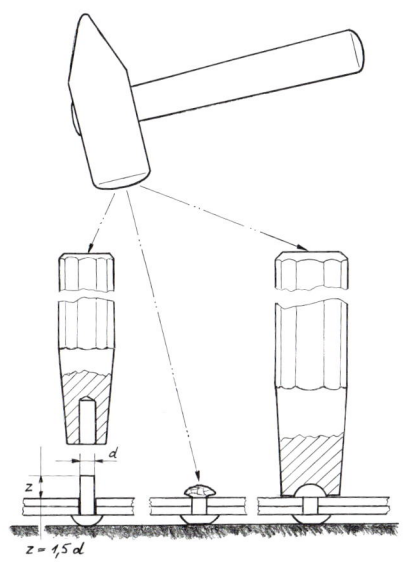

3.59: Durchschlagen, Durchtreiben, Kopfstauchen, Kopfformen.

3.60: Durchschläge (Dorne).

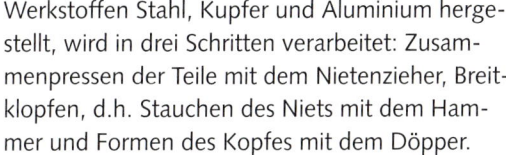

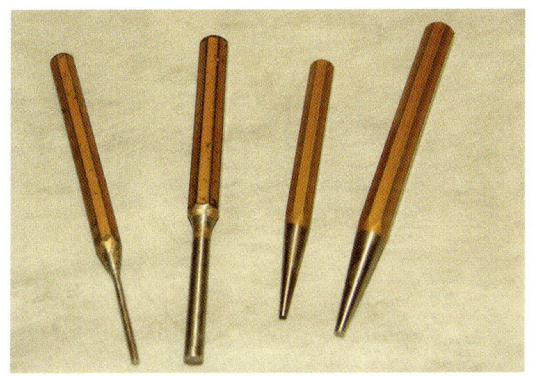

3.61: Blindnietzange mit Blindnieten.

nem Ring. Hierbei werden die Welle gekühlt und der Ring erwärmt und anschließend die Teile zusammengesteckt. Beim Abkühlen und Ausgleichen der Temperaturen klemmt der Ring auf der Welle fest. Angewendet wird diese Technik z.B. beim Einsetzen von Ventilführungen in den Zylinderkopf eines Kolbenmotors oder bei der Herstellung von Eisenbahnrädern, hier zum Aufziehen eines Radreifens auf den Radkörper. Auch für Reparaturen an stark verschlissenen Teilen kann die Methode interessant sein.

Das *Verkleben von Metallen* miteinander oder mit anderen Werkstoffen ist ein jüngeres, aber interessantes Arbeitsfeld. Es verlangt jedoch, für jeden Anwendungsfall herauszufinden, welcher Klebstoff am besten geeignet ist. Bei einfachen Anwendungen kommt man mit einem Universal-Cyanacrylat-Sekundenklebstoff oder einem 2-Komponenten-Epoxidharzkleber zurecht. Es empfiehlt sich jedoch, die Haltbarkeit der Verklebung vorher auszuprobieren. Und Vorsicht im Umgang mit solchen Klebern, sie reizen Augen und Haut! Die Hinweise der Hersteller sind unbedingt zu beachten.

3.11 Gewinde bohren und schneiden

Wie schon in Kap. 3.10 angemerkt, gibt es auch andere Arten von Gewinde, dazu gehören vor allem Schrauben mit Feingewinde. Eine Schraube mit der Bezeichnung M12 x 1 beispielsweise hat eine Steigung von Gang zu Gang von nur 1 mm, im Gegensatz zum Regelgewinde, welches bei M12 eine Steigung von 1,75 mm aufweist.

Feingewinde eignen sich u.a. für präzise Längenjustierungen; sie ergeben einen guten Festsitz, sind aber zum Übertragen großer Kräfte weniger geeignet.

Trapezgewinde dienen zum Aufbringen von Schubkräften in beiden Richtungen (Spindel), *Sägengewinde* für Kräfte in einer Richtung.

Rundgewinde kommen zum Einsatz, wenn es eine Kerbwirkung infolge scharfer Ecken zu vermeiden gilt.

Alle „normalen" Gewinde sind Rechtsgewinde, nur für Sonderfälle werden Linksgewinde eingesetzt. Eine typische Anwendung hierfür ist das Spannschloss, mit dem wir durch Drehen des Mutterteils die beiden Schraubenenden zusammenziehen oder auseinanderdrücken. Aber auch alle Gasanschlüsse (bei brennbaren Gasen) tragen Linksgewinde.

Abb. 3.65 zeigt Standardwerkzeug zum Herstellen von Regelgewinde mit 3 bis 12 mm Außendurchmesser. Rechts vorn liegen die dazu passenden Kernloch-Bohrer für das Vorbohren ent-

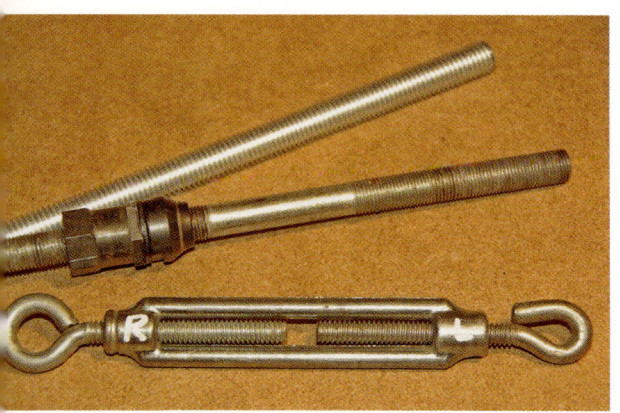

3.62: Leitspindel an einer Drehbank.

3.63: Spannschloss (vorn), Normalgewinde M10 x 1,5 (oben) und Feingewinde M10 x 1 (Mitte)

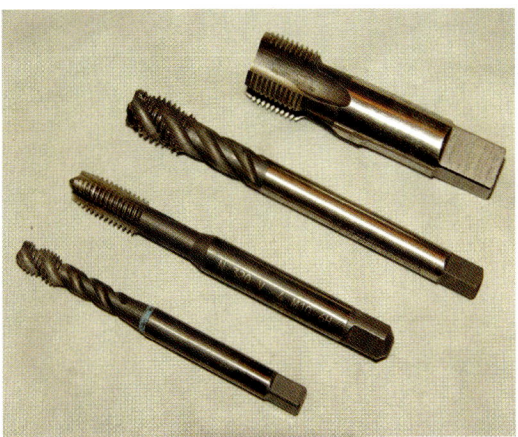

3.64: Maschinen-Gewindebohrer (zur Anwendung in der Bohrmaschine oder Drehbank).

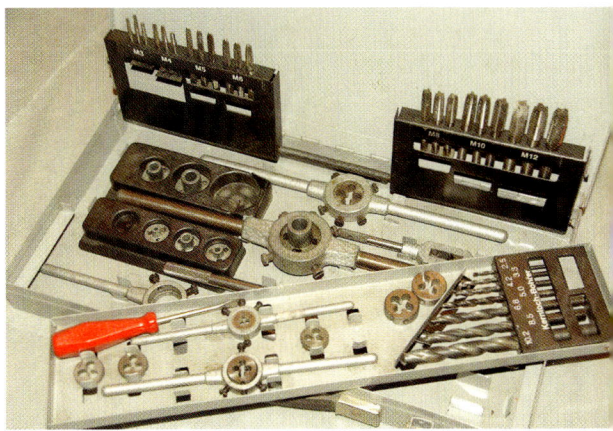

3.65: Gewindebohrer und Schneidwerkzeug.

sprechend dem Gewinde-Innendurchmesser, z.B. Durchmesser 8,5 für M10. In das sogenannte Windeisen werden nacheinander die drei Gewindebohrer und im Schneideisen die Schneidringe für Außengewinde eingesetzt.

Vor dem Gewindebohren werden die Kernlöcher angesenkt, ein Anfasen der Bolzen erleichtert das Außengewinde-Schneiden. Besonders für Letzteres ist ein genaues, gerades Ansetzen des Schneidwerkzeugs wichtig. Dies wird durch die kurzen Führungshülsen (siehe Bildmitte links) erleichtert, die unter den Schneidringen in das Schneideisen eingesetzt werden können.

Beim Gewinde-Bohren und Gewindeschneiden wird Schneidöl verwendet. Um die entstehenden Späne zu brechen, wird das Werkzeug etwa alle zwei Umdrehungen kurz zurückgedreht.

Rohrgewinde: Stahlrohre gibt es mit metrischen Maßen, definiert nach Außendurchmesser und Wandstärke und dazu passend entsprechende metrische Feingewinde. Doch haben sich traditionell auch Rohre in Zollabmessungen erhalten und sind häufig in Gebrauch, vor allem im Sanitärbereich. Solche Rohre werden an den Enden mit Whitworth-Rohrgewinden versehen (nach Sir Joseph Whitworth, einem britischen Ingenieur, der bereits im Jahre 1841 dieses Gewinde-System entwickelte), um sie lösbar und wasserdicht untereinander sowie mit Verzweigungen, Umlenkungen und Ventilen zu verbinden. Sie werden nach den ungefähren Innendurchmessern eingeteilt:

Ein Rohr mit Nennweite (DN) 25 (ca. 1 Zoll) passt für das Rohrgewinde R1 (oder G1) und hat einen Außendurchmesser von ca. 33,5 mm, ein Rohr mit DN 10 entsprechend R 3/8 und 17 mm Außendurchmesser. Je nach Verwendungszwecken werden diese Rohre schwarz (ungeschützt) oder verzinkt geliefert. Die Dichtheit der Verschraubungen wird durch leicht kegelig ausgeführte Rohraußengewinde oder durch Verwendung von mitverschraubten Dichtmitteln erreicht.

3.12 Löten

Löten ist eine Verbindungstechnik, bei der Metallteile durch Zugabe eines weiteren flüssigen Metalls (des Lotes) oberflächlich miteinander verschmolzen werden. Die Schmelztemperatur des Lotes muss niedriger sein als der Schmelzpunkt der zu verbindenden Metalle. Bei Arbeitstemperaturen bis 450° C spricht man von Weichlöten, darüber von Hartlöten. Grundbedingung ist immer, dass die Teile an den zu verlötenden Stellen metallisch rein und fettfrei sind und das Lot nur sehr enge Spalte zu überbrücken hat. Als Löthilfsmittel werden chemische Reinigungs- und Flussmittel verwendet, die teilweise in den Lötdrähten integriert sind.

Aufgrund der Rauchentwicklung müssen Räume, in denen gelötet wird, gut belüftet werden. Das Gesicht sollte man nicht in den aufsteigenden

Lötrauch richten, die Hände sind nach der Arbeit gut zu reinigen!

Beim Weichlöten kommen Lötwasser oder Lötpaste auf Zink- und Ammoniumbasis zum Einsatz, zum Hartlöten werden fluor- und borhaltige Flussmittel verwendet. Die Rückstände der Flussmittel müssen nach dem Löten entfernt werden, weil sie die Korrosion fördern. Ausnahme: Harze (Kolophonium) beim Weichlöten im Elektrobereich.

Zum Erhitzen der Lote, des Lötdrahtes oder der Lötstäbe verwendet man beim Weichlöten elektrisch beheizte Lötkolben oder einen Gasbrenner mit weich (schwach) eingestellter Flamme. Das kann der Brenner einer Autogen-Schweißanlage sein, es genügt aber auch ein Propangasbrenner, der sich den Sauerstoff aus der Umgebungsluft holt und das Gas aus einer Campinggasflasche. Fürs Hartlöten kommen keine Lötkolben, sondern nur Gasbrenner infrage. Es gibt auch Kleingeräte zum Löten und Schweißen mit Gas-Einwegflaschen (Propan/ Butan und Sauerstoff).

Hauptanwendung findet das *Weichlöten* in der Elektrotechnik und Elektronik sowie bei Spengler- (Blechner-)Arbeiten. Übliche Lote bestehen aus Zinn (Sn) und Blei (Pb), Kennzeichen z.B. S-Pb50Sn50 oder S-Sn63Pb37 mit Schmelztemperatur um 200°C. Hinweis: Kein bleihaltiges Lot für Teile im Ernährungsbereich oder für die Trinkwasserinstallation verwenden! Für die Trinkwasserinstallation kommen nur S-Sn97Cu3 oder S-Sn96Ag4 zum Einsatz.

Hartlöten ist angezeigt, wenn an die Belastbarkeit höhere Anforderungen gestellt werden, oder dann, wenn Schweißen aufgrund der notwendigen größeren Erwärmung oder wegen kleiner Abmessungen der Werkstücke nicht infrage kommt.

Silberhaltige (Ag) Hartlote lassen sich gut verarbeiten und schmelzen bei niedrigeren Temperaturen als stark kupferhaltige, wie z.B. der Typ L-Ag45Sn bei ca. 670°C. Alle gebräuchlichen Metalle können mit- und untereinander durch Löten verbunden werden. Um einen gleichmäßigen Fluss des Lots zu erreichen, sollte die Lötstelle vorgewärmt werden.

Nicht gelötet werden kann Aluminium, weil es durch seine dichte, harte Oxidschicht die Verbindung mit anderen Metallen fast unmöglich macht. Siehe auch unter „Objekte".

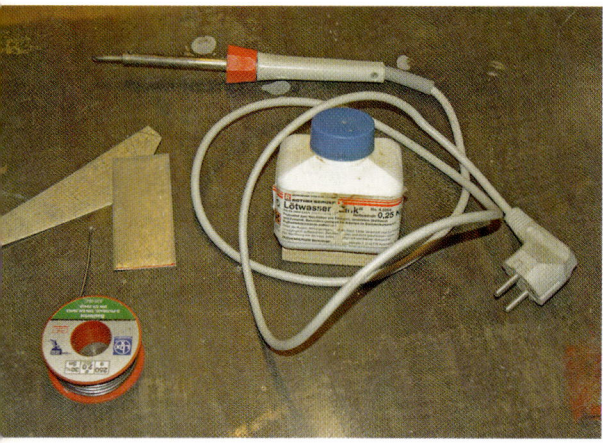

3.66: Lötkolben, Lötwasser, Lötdraht, zwei verzinkte Bleche zum Weichlöten.

3.67: Gasbrenner, Silberlötstab, Flussmittel, Unterlage und Werkstück zum Hartlöten vorbereitet.

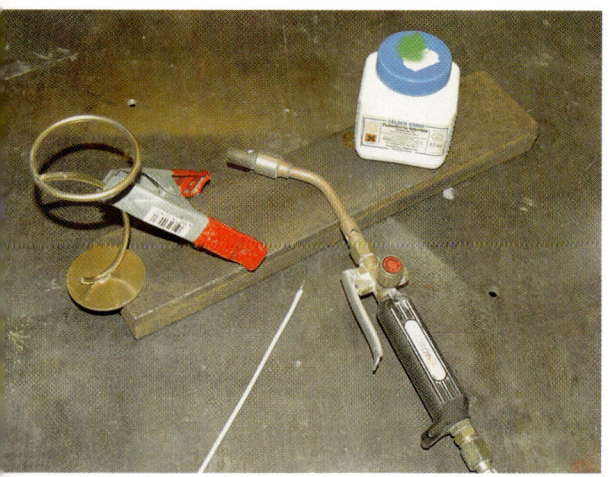

3.13 Schweißen

Schweißen ist eine in der Industrie und im Handwerk, in der Fertigung und bei Reparaturen vielfach angewendete Verbindungstechnik. Dabei werden die Werkstücke des gleichen oder sehr ähnlicher Metalle angeschmolzen und unter Zugabe weiteren Materials des gleichen oder ähnlichen Metalls, z.B. in Form eines Schweißdrahts, innig miteinander verbunden, d.h. verschweißt.

Generell gilt: Bei der Wahl eines zweckmäßigen Schweißverfahrens und geeigneter Zusatzwerkstoffe sowie sachgerechter Ausführung sind viele Stahlsorten und Nichteisenmetalle schweißbar. Die dazu erforderliche Wärme wird durch eine Gas-Sauerstoff-Flamme (Gasschweißen) oder beim Lichtbogen-Schweißen elektrisch erzeugt. Bei letzterem unterscheidet man das Press-Schweißen unter Druck und Wärme und das Schmelzschweißen unter Anwendung von Wärme und Zusatzstoffen, den Elektroden.

Bei den meisten Anwendungen geht es um das Verschweißen von Blechen und Profilstählen sowie von Rohren usw. aus unlegiertem oder gering legiertem Baustahl mit einem Kohlenstoff-Gehalt unter 0,2%. Beim Elektroschweißen werden dafür Wechsel- oder Drehstrom-Schweißtransformatoren eingesetzt. Jedoch sind auch die mehr und mehr verwendeten legierten, nichtrostenden Stähle in der Regel mit speziell dafür geeigneten Elektroden und Elektroschweißgeräten gut schweißbar.

Das Lichtbogen-Handschweißen mit umhüllten Elektroden – die Umhüllung stabilisiert den Lichtbogen beim Schweißvorgang und verhindert zu viel Sauerstoffeintritt und damit ein Verspröden der Schweißnähte beim Abkühlen – ist eine preiswerte Lösung, zumal gebrauchte Schweißtransformatoren billig zu erwerben sind, weil viele Flaschner, Schlosser und andere Handwerker inzwischen auf kleine, leichte Inverter-Schweißgleichrichter bzw. das Schweißen mit Schutzgas übergegangen sind.

Aluminium kann wegen seiner harten Oxidschicht nur unter Schutzgas geschweißt werden. Zudem ist die Schweißbarkeit legierungsabhängig.

Ein Sonderfall ist Gusseisen (mit einem C-Gehalt ≥ 2 - 4,5%); es wird nur für Reparaturen geschweißt, mit besonderen umhüllten Gusseisen-Elektroden und unter Vorwärmung des Werkstücks auf 600 - 700°C.

Schweiss-Elektroden sind trocken zu lagern. Im Normalfall sollten dick bis mitteldick umhüllte Elektroden verwendet werden, und zwar solche, die für das Schweißen in allen Lagen, also waagerecht, senkrecht und überkopf geeignet sind. Bezeichnung, z.B.: EN ISO 2560-A E38 0 RC11. E steht für Elektro-Handschweißen und 38 für

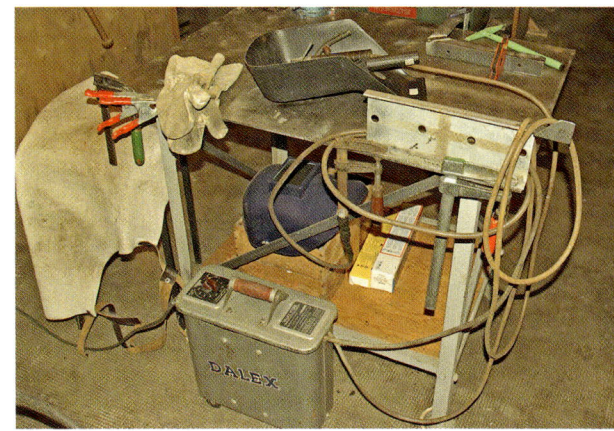

3.68: Schweißplatz mit Elektro-Schweißtransformator.

3.69: Schlackenhammer, Schweißnaht.

3.70: Geschweißtes Werkstück, halbfertig.

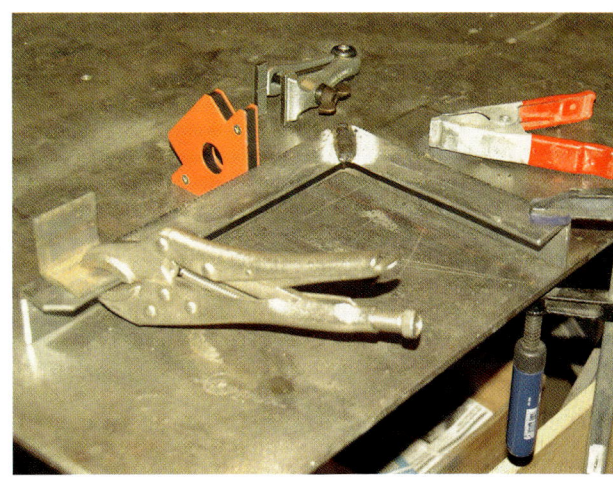

die Zugfestigkeit, RC11 für die Umhüllung, d.h. hauptsächlich Rutil (Titandioxid) mit etwas Cellulose mitteldick bis dick umhüllt. Es handelt sich hier um eine Elektrode für normale Baustähle, die leicht verschweißbar ist. Elektroden mit Kurzzeichen A für saure und B für basische Umhüllungen sind mit Wechselstrom-Schweißgeräten schwieriger zu verschweißen.

Für das Schweißen werden am Schweißtrafo folgende Stromeinstellungen gewählt: ca. 35 - 40 Ampere pro mm Elektroden-Durchmesser, also ca. 50 - 60 A für 1,5 mm ø, 85 - 100 A für 2,5 mm ø und 120 - 140 A für 3,5 mm ø. Bei dünnem, zu schweißendem Material (z.B. Blech) ist eher die untere, bei dickem Material die obere Stromstärke einzustellen.

Zu Beginn des Schweißens wird die Elektrode an der Schweißstelle kurz schräg gegen die Schweißrichtung angetippt, und nach dem Zünden nur wenig angehoben. Nach dem Zünden und Laufen der Flamme klebt die Elektrode selbst beim Auflegen nicht mehr am Metall fest.

Die Elektrode wird weiter gegen die Bewegungsrichtung schräg gehalten und somit Schweißgut und Schlacke mit der laufenden Flamme gegen die schon geschweißte Strecke getrieben. Die Elektrode sollte dabei nicht angehoben werden!

Um eine Naht zu schweißen, wird die Elektrode langsam am Spalt entlanggezogen, eventuell unter leichten Hin-und-her-Bewegungen quer zur Schweißnaht, besonders wenn ein breiterer Spalt zu schließen ist. Vor dem Abklopfen der Schlacke das Werkstück abkühlen lassen! Um die Naht zu reinigen, werden Schlacke und Spritzer mit dem Schlackenhammer oder mit Hammer und Meißel entfernt und die Naht mit einer Drahtbürste geputzt. Ein Abschleifen ist in der Regel nicht nötig.

Sicherheit: Die Augen unbedingt durch eine Schweißmaske, Hände und Kleidung durch Lederhandschuhe und eine Lederschürze schützen! Den Schweißplatz gut belüften, möglichst eine Absaugung einrichten. Nie ungeschützt in die Schweißflamme schauen, es droht die Gefahr von Augenschäden!

Die zu verschweißenden Teile sollten immer auf einem Metall-Schweißtisch oder einer ähnlichen, nicht brennbaren Unterlage festgespannt werden, z.B. mit Schraubzwinge, Federklemme oder Magnethalter.

Außerdem ist eine gute Vorbereitung der zu verschweißenden Teile wie das Anschleifen von Kanten zu empfehlen, bei altem Material sind auch eventuelle Farbreste oder eine Verzinkung abzuschaben oder abzuschleifen.

Ein wichtiges Kapitel beim Schweißen sind die unvermeidlichen Spannungen im Werkstück, die beim Erwärmen (Ausdehnen und Stauchen) und anschließend beim Erkalten (Zusammenziehen und Schrumpfen) entstehen. Je nach Form und Stärke von Werkstück und Schweißnaht entsteht an Ende eine Schrumpfung. Sie im Einzelfall vorauszuberechnen ist schwierig.

In der Praxis gibt man je nach Materialstärke einige zehntel Millimeter zu. Beispielsweise ist beim Verschweißen von zwei Teilstücken Flachstahl von 10 mm Dicke, die wir mit einer V-Naht verbinden wollen, ca. 0,5 mm zuzugeben. Damit kompensieren wir sicher die Schrumpfung und haben danach vielleicht sogar 1/10 mm Übermaß. Dieses wegzufeilen oder abzuschleifen ist leichter, als ein zu kurz geratenes Werkstück zu verlängern, wenn es denn überhaupt so genau sein muss. Grundsätzlich gilt: Je dicker das Material, desto stärker die Schrumpfung und umgekehrt.

3.71: Mehrere Teile zum Schweißen vorbereitet und aufgespannt; Farbe und Verzinkung sind entfernt

Schweißt man Teile von unterschiedlicher Stärke zusammen, beispielsweise einen Rundstab an ein Blech, so richtet man die Schweißflamme immer zum stärkeren Teil hin, „bindet" das dünnere Material quasi an das stärkere an. Auch die Schweißfolge, d.h. die Reihenfolge von Schweißungen an längeren Nähten, ist von Wichtigkeit. Nach dem punktuellen „Anheften" oben werden abwechselnd kurze Strecken unten, links, rechts und dann wieder oben geschweißt, um einen stärkeren Verzug zu verhindern. Trotzdem muss manchmal nachgerichtet werden. Beim Schweißen von Blechen (mindestens 1,0 mm Stärke) setzt man nur Punkte, weil sonst das Material zu warm wird und Löcher entstehen.

Nun gilt es noch das *Auftragsschweißen* zu erwähnen, das eingesetzt wird, wenn z.B. eine verschlissene Fläche aufzufüllen ist. Dazu setzt man Naht neben Naht. Muss noch mehr verdickt werden, wird dieser Vorgang wiederholt, aber erst nach sorgfältigem Entfernen der Schlacke.

Schweißen mit Schutzgas ist eine Weiterentwicklung des Lichtbogenschweißens mit umhüllten Elektroden. Dabei werden Drähte ohne Umhüllung verschweißt, wobei über eine Düse Gas zugeführt und die Schweißstelle damit eingehüllt wird. Mit diesem Verfahren können neben den bisher genannten, im Wesentlichen unlegierten Stählen auch Edelstähle besser und sogar Nichteisen-Metalle verarbeitet werden.

Innerhalb des Schutzgas-Schweißens wird je nach Gerät und verwendetem Gas unterschieden in

WIG-Schweißen = Wolfram-Inertgas-Schweißen,
MIG–Schweißen = Metall-Inertgas-Schweißen,
MAG–Schweißen = Metall-Aktivgas-Schweißen,
MSG = Metall-Schutzgas-Schweißen oder
      MIG-MAG-Schweißen und
WP-Schweißverfahren = Plasmaschweißen.

Das WIG-Schweißen und die Plasma-Schweißverfahren sind eher der Industrie und dem Handwerk vorbehalten. Der Schweißer sollte ausreichend Erfahrung haben. Das Metall-Schutzgas-Schweißen (MSG) ist aufgrund seiner problemlosen Handhabung von Strom und Gas heute ziemlich verbrei-

3.72: Metall-Schutzgas-Schweißgerät.

3.73: Autogen-Schweißeinrichtung.

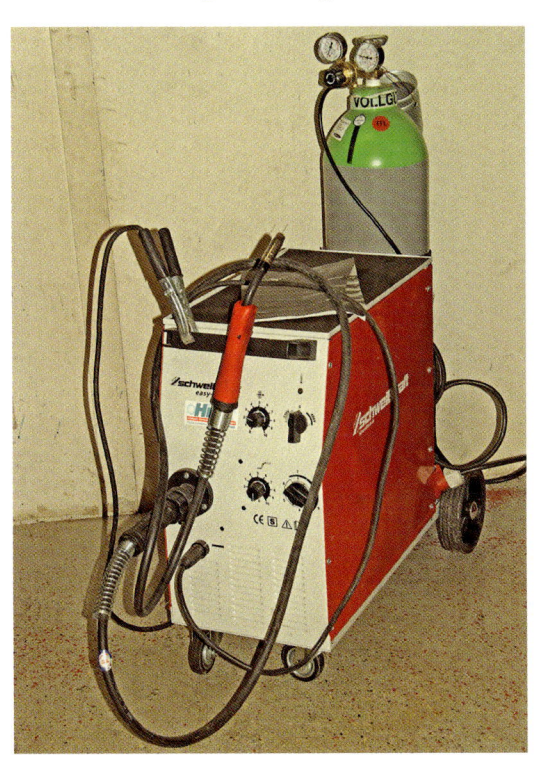

tet. Sein Prinzip unterscheidet sich von den anderen Verfahren dadurch, dass hier der zugeführte Draht im Schweißbrenner mit Strom beaufschlagt wird, ähnlich wie beim normalen Lichtbogenschweißen.

Der Unterschied zwischen MIG und MAG liegt in der Art der verwendeten Schutzgase. Beim MIG sind das die Edelgase Argon oder Helium. Sie sind inert, reagieren also nicht mit anderen Stoffen und werden vor allem zum Schweißen von Aluminium und anderen Nichteisenmetallen eingesetzt. Zum MAG-Schweißen werden aktive Gase, meist Kohlendioxid (CO_2), verwendet oder Mischgase, CO_2 mit Argon und Sauerstoff. Damit lassen sich alle Stähle bis hin zu hochlegierten schweißen, ebenso dünnere Bleche bis hinunter zu einer Stärke von 0,5 mm. Mit den MIG-MAG-Schweißgeräten kann also das Lichtbogen-Handschweißgerät ersetzt werden, sie haben eine größere Anwendungsbreite, das aufwendige Putzen wird reduziert und das Entfernen der Schlacke entfällt.

Sie arbeiten generell mit Gleichstrom, der ähnlich wie beim Lichtbogen-Handschweißen reguliert wird. Der Schweißdraht und das Schutzgas werden dazu passend eingestellt.

Beim Gasschmelz- oder Autogenschweißen erwärmt die Flamme eines Gasgemisches (ca. 1:1 Acetylengas und Sauerstoff) die Schweißstelle auf Schmelztemperatur. Die Schweißnaht entsteht unter Zugabe eines blanken Schweißstabes. Anwendungen sind hauptsächlich das Verschweißen von dünneren Blechen und Rohren aus Stahl oder Kupfer. Zur Schweißgarnitur gehören neben dem Schweißbrenner die Gasflaschen mit Reduzierventilen und mehr oder weniger lange Schläuche. Der Arbeitsdruck an der Sauerstoffflasche wird auf 2,5 bar, an der Gasflasche auf 0,25 bis 0,5 bar eingestellt.

Mit einem Schneidbrenner anstelle des Schweißbrenners können unter erhöhter Sauerstoffzufuhr Stahlplatten (unlegierter oder niedriglegierter Stähle) auch großer Dicke durchtrennt werden.

3.14 Warm umformen

Das warm Umformen von Baustählen kann erforderlich sein, wenn Biegen oder ähnliches Verformen aufgrund zu großer Materialstärke kalt nicht mehr zu bewältigen ist. Wer keinen Zugang zu einer Schmiedeesse hat, braucht eine andere Wärmequelle, also z.B. den Brenner eines Gasschweißgerätes. In einem stabilen Schraubstock, aber auch mit Amboss, Schmiedehammer und -zange lässt sich dann schon Manches machen.

Abb. 3.78 zeigt einige typische Arbeitsgänge aus dem Bereich des Schmiedens, einem der ältesten Handwerke des Menschen.

Da und dort sind noch einige wenige Kunst- und Hufschmiede tätig und mancher Kunstbeflissene entdeckt das Schmieden für sich. Unter „Objekte" werden hierzu ein paar einfache Arbeiten gezeigt.

3.74
Glühfarben von Stahl in °C.
Die Schmiedetemperatur von Baustahl liegt bei 1000°C.

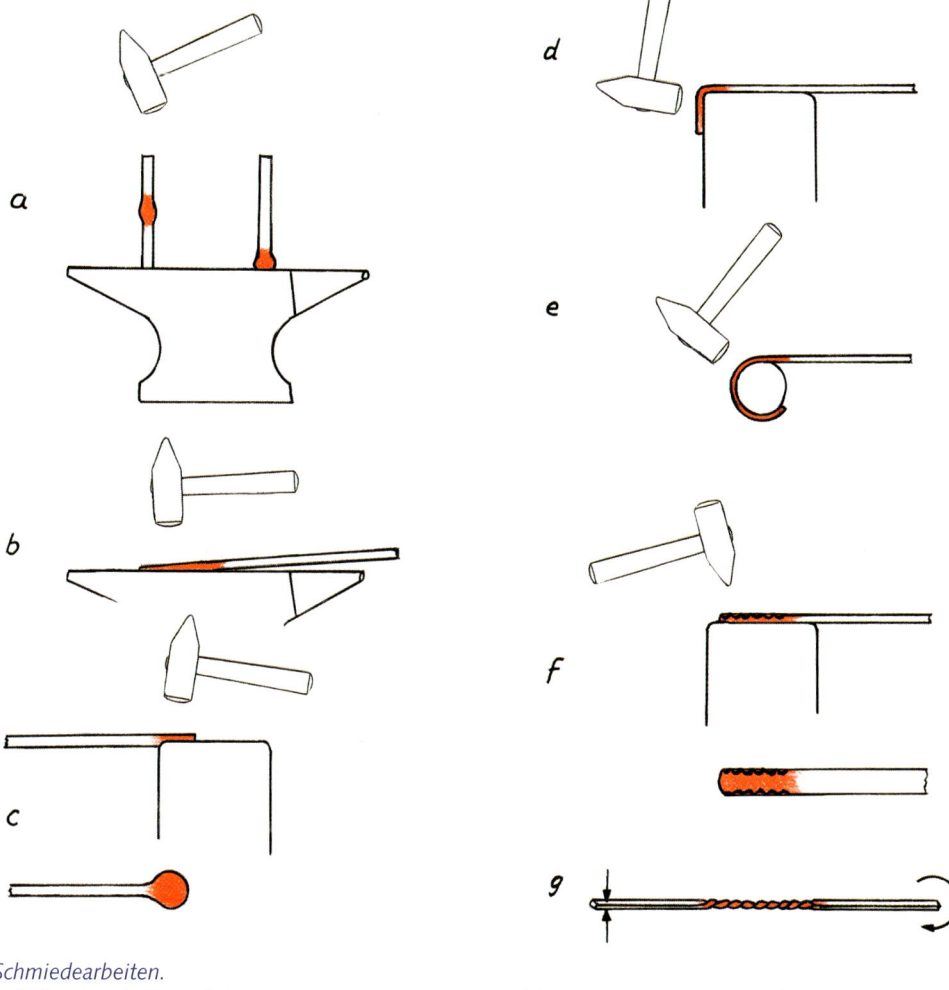

3.75: Schmiedearbeiten.
  a Stäbe stauchen, verdicken,
  b recken, verlängern, anspitzen,
  c absetzen, Enden abflachen,
  d biegen,
  e rund formen,
  f prägen,
  g verdrehen, verwinden
  (gleichmäßig warm = gleichmäßig verdrillt)

3.15 Drehen und Fräsen

Vor ein paar Jahren konnte ich auf eine Zeitungsanzeige hin eine kleine Mechaniker-Drehbank billig erwerben, die schätzungsweise 50 Jahre alt war, in Teilen, schmutzig und ohne Unterbau, aber alles Wesentliche enthielt. Das Reinigen und Erneuern einiger Kleinteile sowie der Zusammenbau und das Einstellen kosteten drei Monate Arbeit. Darin enthalten war auch das Herstellen eines stabilen Tisches aus Winkelstahl und dem Rest einer Küchenplatte. Ergänzen muss ich aber, dass ein Freund, ein Dreher, mir eine ganze Reihe von Drehmeißeln geschenkt hatte und dass ich mir eine zweite Schleifmaschine anschaffen musste, um diese Drehstähle, meist mit Hartmetallschneiden versehen, an einer besonderen Scheibe nachzuschärfen. Seitdem habe ich auf dieser Drehbank schon etliche Lagerbüchsen ausgedreht, Wellen angepasst, Rohrenden entgratet, Kegelstifte gedreht, Gewinde nachgeschnitten und Vieles mehr.

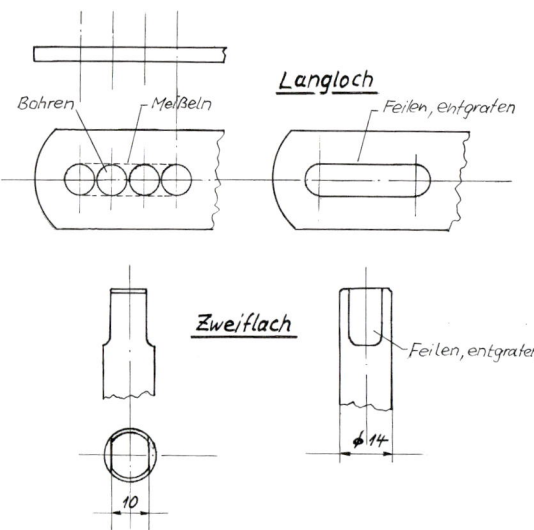

3.76: Handwerkliche Herstellung eines Langlochs und eines Zweiflachs.

Zu einer Fräsmaschine hat es noch nicht gereicht. Denn obwohl kleinere Werkzeugmaschinen heute zum Teil sehr preiswert sind, muss man bedenken, dass für ihre Benutzung noch eine große Anzahl Zubehör erforderlich ist: Finger- und Scheibenfräser, Nut- und Planfräser, ein Teilapparat, Spannelemente und Spannwerkzeuge u.a. Darauf muss noch gespart werden. Denn wie schon gesagt, Qualität muss sein. So warte ich weiter auf eine Firmenauflösung und mache manche Arbeiten nach alter Väter Sitte, zum Beispiel:

- die Herstellung eines Langlochs durch eine Reihe nebeneinanderliegender Bohrungen, mit Hammer und Meißel geöffnet und mit der Feile zum Langloch geformt,
- ein Zweiflach mit der Feile.

Und so weiter …

3.16 Rostschutz und Entrosten

Eisen und gering legierte Eisenwerkstoffe rosten unter Einwirkung von feuchter Luft. Es bildet sich eine braunrote, poröse Schicht an der Oberfläche, die auf Dauer bis zum Durchrosten führen kann. Deshalb sind eisenhaltige Metallgegenstände für die meisten Anwendungsfälle mit Schutzschichten zu versehen. Diese können aus nichtrostenden Metallen bestehen und aufgebracht sein durch Verzinken, Verchromen, Vernickeln u.a., oder aus Schutzanstrichen mit Farben und Lacken, wie z.B. Zinkstaubgrundierung und Sprühlacke. Vor dem Lackieren müssen die Flächen schmutz- und fettfrei sein. Geeignet zum Putzen ist Reinigungsbenzin. Eine weitere Möglichkeit der Oberflächenbehandlung ist Brünieren mit käuflicher Brünierflüssigkeit (Eisenchlorid und Eisenvitriol) und Ölen,

3.77: Stahl brüniert, nach ca. 10 Jahren in überwiegend trockener Umgebung.

3.78: Handdrahtbürsten sowie Maschineneinsätze zum Entrosten.

die unter Anwärmen verrieben werden. Brünieren ergibt aber keinen dauerhaften Schutz, Abb. 3.77 zeigt ein Beispiel. Durch Öle und Fette lassen sich Stahl- und Eisenteile auch nur für kürzere Zeit schützen.

Schrott- oder sonstige Teile müssen manchmal entrostet werden. Das kann mechanisch oder chemisch erfolgen. Mit Handstahlbürsten reinigt man Oberflächen mechanisch von Rost und lose sitzenden Verunreinigungen. Je nach Aufgabe und erforderlicher Intensität nimmt man dazu aber auch rotierende Bürsten in Bohrmaschinen oder im Schrauber.

Chemische Rostumwandler enthalten meist Phosphorsäure und Zusätze, die auf der (Stahl-) Oberfläche eine fest haftende Phosphatschicht erzeugen, die dann z.B. als Grundlage für einen Anstrich dient.

3.17 Hilfsvorrichtungen und Hilfsmittel

Eine typische Hilfsvorrichtung sind für mich die Aluminiumschutzbacken, die verhindern, dass die harten Stahlbacken des Schraubstocks Abdrücke auf dem Werkstück hinterlassen. Werden dafür mindestens 4 mm dicke Aluminiumwinkel verwendet, lässt sich eine senkrechte V-Nut einarbeiten, die beim Einspannen von runden Stiften die senkrechte 90°-Lage vorgibt.

Das ist z.B. beim Gewindeschneiden erwünscht, um den Bolzen genau senkrecht zu stellen und den Gewindeschneidring nach Augenmaß gerade ansetzen zu können. Zum Herstellen der V-Nut bohren wir ein Loch mit 2,5 mm ø in den Spalt, der zusammen in den Maschinenschraubstock der Bohrmaschine eingespannten Alubacken und feilen danach einzeln die Nut ein, wobei das Bohrloch die Senkrechte vorgibt.

Bewährt haben sich auch *Übereck-Spannhilfen*, aus Winkel- und Flachstahl zusammengeschweißt, um z.B. mit einer Schraubzwinge ein Rohr oder ein anderes Teil schräg festspannen zu können.

Wenn eine größere Zahl gleicher Teile herzustellen ist, kann eine Bohr- oder Schweißvorrichtung die Arbeit erleichtern:

Die in Abb. 3.82 gezeigte *Schweißvorrichtung* (links) ist nur zum „Heften" der drei Rohrstücke gedacht. Sollte darin das Werkstück fertig geschweißt werden, müsste sie im Bereich des Stoßes der Rohre offener und insgesamt stärker, d.h. fester sein, um ein ungewolltes Verziehen des fertigen Werkstücks beim Erkalten zu vermeiden.

Die rechts gezeigte *Bohrvorrichtung* gewährleistet, dass Querbohrungen im Rohr genau durch die Mitte führen. Der Anschlag, rechts im Bild, er-

3.79: Herstellung von Spannbacken mit senkrechter Nut aus Aluminium.

3.80: Aluminium-Schutzbacken für den Schraubstock.

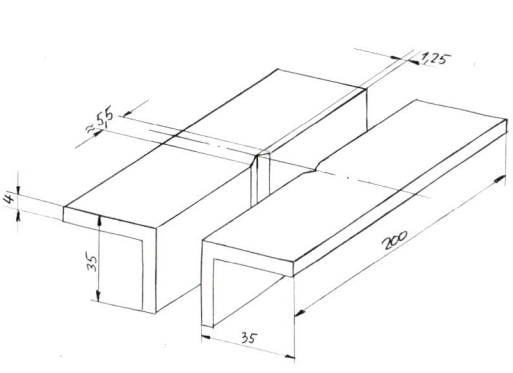

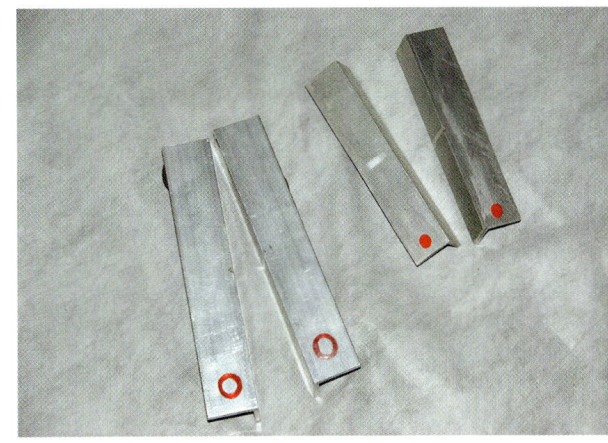

3.81: Übereckspannhilfe.

3.82: Schweiß- und Bohrvorrichtung.

3.83: Kontrolle der Bohrerspitze beim Schärfen.

laubt es, den Bohrlochabstand in der Längsrichtung einzustellen.

Die rote Kennzeichnung der Hilfsvorrichtungen stellt sicher, dass diese als solche erkannt und nicht für andere Zwecke verwendet werden.

Manchmal, ganz selten (?), kommt es vor, dass wir eine Schraube abreißen, sei es, dass sie vorgeschädigt war oder wir zuviel Kraft aufgebracht haben. Was tun? In vielen Fällen hilft einer der in Abb. 3.84 gezeigten Schraubenausdreher, die mit konischem Linksgewinde versehen sind. Der Schraubenrest wird entsprechend seiner Größe angebohrt, so dass der Ausdreher hineinpasst. Diesen hineinklopfen und mit einem Schraubenschlüssel linksherum drehen, bis der Dreher fest sitzt und den Schraubenrest mitnimmt und dabei herausdreht.

Eine *beleuchtete Lupe mit Ständer*, Vergrößerungsfaktor 2:1 oder größer, erleichtert manche Beurteilung.

Wer einen *Luftkompressor* hat, kann damit Reifen auffüllen, aber auch mal Späne wegblasen oder einen Platz sauber blasen.

Beim Hörgeräte-Akustiker bekam ich einen kleinen Magneten als Geschenk, welchen ich seitdem in meinem „Bordwerkzeugsatz" neben Maßstab, Schraubenzieher, kleiner Stablampe, Messer und Stift plus einer verhältnismäßig schweren Zange mit mir führe. Letztere erlaubt es sogar, mal einen kleinen Nagel in die Wand zu schlagen Der Magnet dient dazu, eine ganze Reihe nicht rostender Edelstähle zu identifizieren.

3.84: Schraubenausdreher.

Fette und Öle: Wer gut schmiert, fährt gut. Der Handel hält ein breites Angebot an Schmierstoffen für uns bereit. Eine kleine wahre Geschichte zum Thema: Eine Nachbarin konnte das Blechtor ihrer Fertiggarage nicht mehr öffnen, das Schloss hakte. „Haben wir doch gleich", dachte ich, „das Schloss ist auseinanderzunehmen und sorgsam wieder einzusetzen". Der Erfolg war jedoch null. Und nun? Die Lösung war einfach und man hätte schon früher darauf kommen können: Öl in alle Öffnungen am Schloss zu träufeln reichte für einen vollen Erfolg.

Und last but not least: Weiß man sich gar nicht mehr selbst zu helfen, kann der Blick in ein Fachbuch hilfreich sein.

3.85: Luftkompressor.

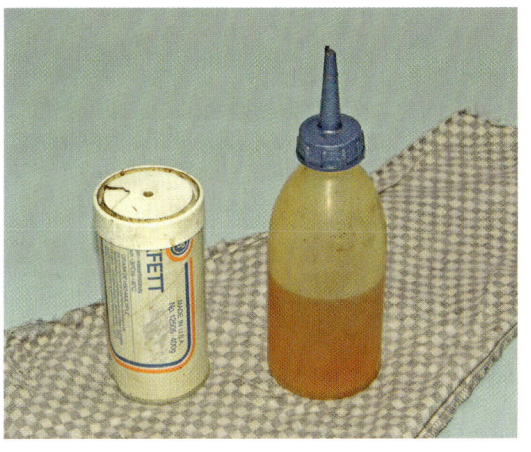

3.86: Ölkanne, Fett.

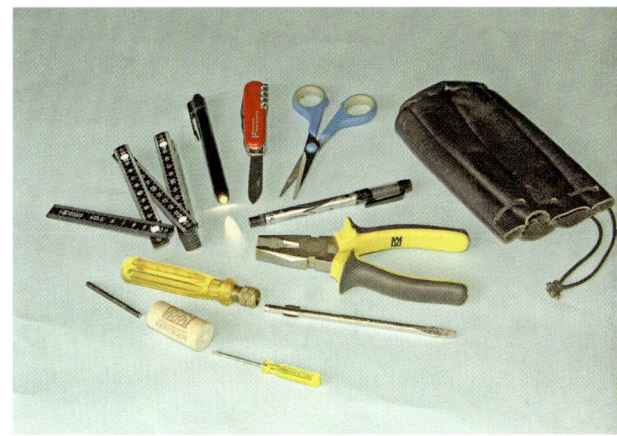

3.87: Kleiner Werkzeugsatz zum Mitführen.

3.88: Fachbücher Metallbearbeitung.

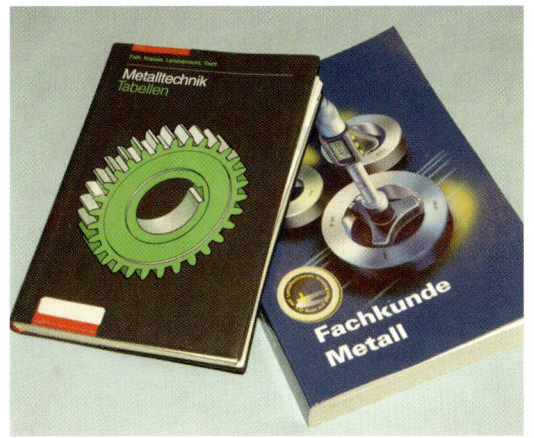

4 Objekte

Im Folgenden werden Gebrauchsgegenstände vorgestellt, die ich – teilweise gemeinsam mit Jugendlichen – aus Altmetall und Fundstücken hergestellt habe. Wenn das eine oder andere Teil nicht jedermanns Geschmack treffen mag, ist das m.E. nicht so wichtig. Ich hoffe aber, dass die nachfolgenden Gegenstände die Phantasie für eigenes Schaffen anregen können.

4.1 Neues aus Altem

1. Kleine Messer

Aus verschlissenen Metall-Sägeblättern lassen sich gut kleine Messer herstellen (Abb. 4.1). Allerdings sind diese ziemlich dünn und biegsam, doch gilt das für die üblichen Küchenschnitzer in ähnlichem Maße.

Die Sägeblätter gibt es aus unterschiedlich legierten Stahlsorten. Deshalb prüft man vor Arbeitsbeginn das Blatt auf seine Elastizität. Blätter mit dem Aufdruck Bi-Metall HSS haben sich dabei gut bewährt. Da aber solch ein Aufdruck nach langem Gebrauch gewöhnlich nicht mehr lesbar ist, hilft hier eine Biegeprobe mit den Händen (ca. 90°); danach sollte das Blatt wieder in seine gerade Ausgangslage gehen.

Aus einem Metallsägeblatt können zwei normale oder drei kurze Schnitzer hergestellt werden. Die freistehende Klinge braucht nicht mehr als 80 mm lang sein, eher etwas kürzer. Maße ungefähr: Griff 105 mm, Klingenlänge inklusiv Halterung im Schaft 140 mm.

Wenn das am Ende des Sägeblattes vorhandene Loch mit einbezogen wird, muss nur ein zusätzliches Loch pro Messer gebohrt werden (Kobaltstahlbohrer mit 3 mm Durchmesser).

Den Griff – z.B. aus einem Ast vom Haselnussstrauch mit etwa 16 mm Durchmesser – sägt man zur Aufnahme der Klinge mit einer Metallbügelsäge 60 mm tief ein. Zwei zur Klinge passende Löcher von 3 mm Durchmesser werden beidseitig angesenkt, auf der Mutterseite etwas stärker.

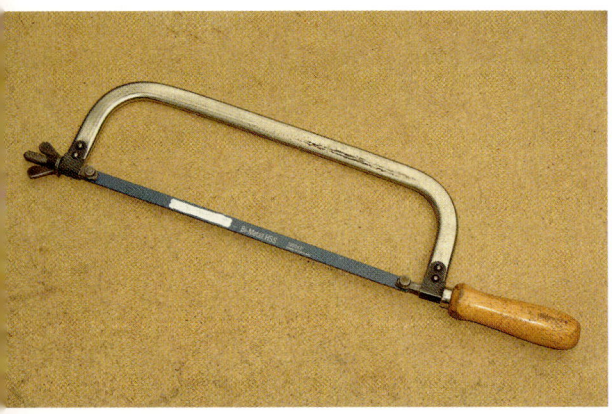

4.1
Bügelsäge mit Sägeblatt für Stahl: Alte Sägeblätter können zu Messerklingen umgearbeitet werden.

4.2: Aus dem Sägeblatt hergestelltes Messer.

Zwei M3-Senkschrauben mit Sechskantmuttern verbinden Klinge und Griff, sie werden fest angezogen, bis die Schraubenköpfe und Muttern in etwa plan zur Außenfläche des Griffs sind. Die überstehenden Schraubenenden werden abgefeilt.

Nun kann die Messerschneide auf der Zähneseite unter ständiger Kühlung vorgeschliffen und das freie Messerende abgerundet werden. Der anschließende Feinschliff und das Glätten auf dem Abziehstein machen das Messer scharf. Beim Muster sind die Zähne noch rudimentär erhalten, spätestens nach einem zweiten Nachschärfen werden sie verschwunden sein. Etwas aufgesprühter farbloser Lack verschönert den Griff (Abb. 4.2).

2. Draht biegen

Reste von verzinktem Stahldraht, Kupfer- oder Messingdraht mit Durchmessern von ein bis drei Millimeter lassen sich gut zu sinnvollen Formen verarbeiten. Dazu gebrauchen wir unsere Hände, aber vor allem Zangen: Rund- und Flachzangen, zum Abkneifen einen Seitenschneider, und ein wenig Phantasie.

Um Ringe aus Draht herzustellen, spannen wir das Drahtende im Schraubstock an einen Rundstab und wickeln den Draht so oft um den Rundstab, wie wir Ringe brauchen. Die Ringe entstehen, indem wir den Wickel vom Stab abstreifen, ihn einmal längs aufschneiden und anschließend die entstandenen Ringe gerade richten.

Um eine Spirale zu erzeugen, wickeln wir den Draht auf einen Kegel (siehe Abb. 4.3 bei den Zangen). Damit und durch weitere Gestaltung mit Hilfe der Zangen können Schmuckanhänger, Bildhalter, Kerzenhalter oder Eierbecher (aus 3 mm starkem Draht) gefertigt werden.

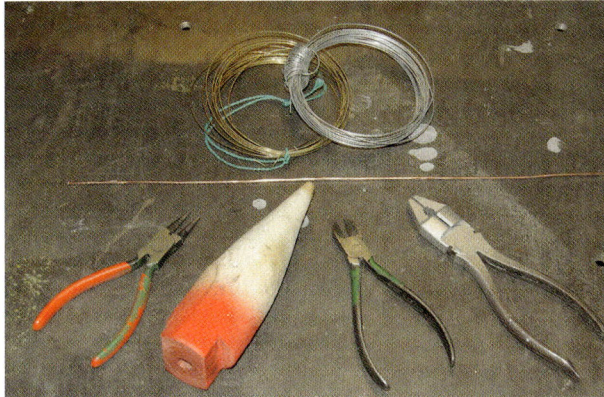

4.3: Draht, Zangen und Hilfswerkzeuge aus Hartholz zum Rundbiegen und Wickeln von Spiralen.

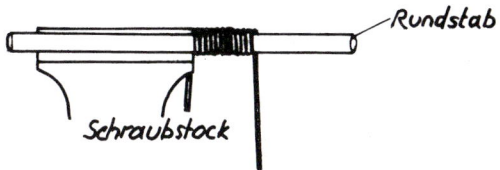

4.4: Wickeln einer Drahtspirale auf einem Rundstab.

4.5: Eierbecher aus Kupferdraht

4.6: Aus Eisen-, Kupfer- und Messingdraht gebogene Ständer und Aufsteller.

3. Bleistiftverlängerungen

Da ich annahm, dass es die guten alten Hülsen zum Aufbrauchen von kurz gewordenen Bleistiften oder Farbstiften in unserer Wegwerfgesellschaft nicht mehr zu kaufen gibt, machte ich mir selbst welche aus Aluminiumrohr-Resten mit 8 mm Außendurchmesser und von den Röhrchen defekter Regenschirme. Auch manches Plastikröhrchen ist geeignet, wo immer es herstammt. Die Stiftenden, etwas angespitzt oder mit Kreppband umwickelt, werden passend an die Verlängerungen angeglichen – eine echte Schwabenlösung.

4.7: Bleistiftverlängerungen, unten eine gekaufte, oben selbstgemachte aus diversen Materialien.

4. Torriegel

Um große Tore am Lagerschuppen eines Abenteuerspielplatzes abschließen zu können, wurden 4 Torriegel gebraucht. Solche Torriegel lassen sich mit erträglichem Aufwand aus Altmaterial herstellen. Ein paar Schrauben müssen ggf. gekauft werden, das andere Material stammt vom Schrottplatz: Flachstahl 6 x 40 mm, Rundstäbe mit 6 mm Durchmesser, ein Stück 3 mm dickes Blech und in diesem Fall Rosetten zur Verzierung, ein Zufallsfund. Insgesamt war es eine einfache, aber schöne Arbeit, ausgeführt mit Jugendlichen in der Gruppe (Abb. 4.8).

4.8: Einfacher Torriegel – die Farbe macht's.

5. Stehpultbefestigung

Als wir vor einigen Jahrzehnten für das Studium zu Hause zeichnen mussten, benutzten wir dazu ein Zeichenbrett (Format A2) mit Reißschiene und Geodreiecken. Dann lag mein Brett lange Zeit auf dem Dachboden, bis mir eine neue, sinnvolle Verwendung dafür einfiel: Mit Hilfe von zwei kleinen, selbstgefertigten Schraubzwingen und zwei Füßen aus Holzleisten entstand ein praktisches Stehpult, das sich gut an einer Fensterbank anschrauben lässt (Abb. 4.9).

4.9
Stehpult, hergestellt aus einem alten Zeichenbrett. Zum Anschrauben an die Fensterbank wurden zwei Schraubzwingen angefertigt, aus Stahlrohr mit Schlossschraube und Flügelmutter.

6. Papierrollenbehälter aus Weißblech

Ein teures, auch wohlschmeckendes Getränk hatten wir geschenkt bekommen, verpackt in einem schönen, kupfern leuchtenden Blechrohr mit solidem Deckel. Das grüne, kräftige Band regte mich an, einen Umhängebehälter daraus zu fertigen, zum Transportieren von Zeichnungen, Postern oder Kunstdrucken. Man hätte das Band annieten können, mit einer im Schraubstock fest eingespannten Rundstange als Unterlage. Aber mit Flachkopfschrauben M 5, äußeren Hutmuttern und Scheiben war es viel einfacher. Nur die Löcher mussten in das Blech gebohrt werden, in das Band wurden die Löcher mit einem Locheisen gestanzt (Abb. 4.10).

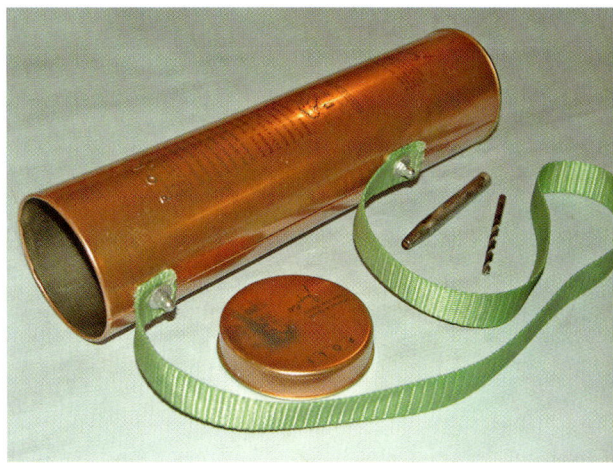

4.10: Umhängebehälter mit Gurt und Deckel, sowie Locheisen und Bohrer.

7. Kleine Schmuckstücke

Mancher möchte vielleicht einen Schmuckanhänger herstellen, der pferdebegeisterten Tochter ein stilisiertes Hufeisen schenken oder die Initialen dauerhaft präsentieren, schön geschwungen, aus Blech gesägt und beschliffen. Reste aus Messing-, Kupfer- oder (Edel-)Stahlblech können gut dafür verwendet werden.

Die Form wird nach einer Vorlage oder frei nach eigener Phantasie festgelegt und auf dem Blechstück genau aufgezeichnet, Löcher vor dem Bohren angekörnt, damit der Bohrer nicht verläuft. Verzierungen lassen sich ggf. mit dem Meißel oder Körner anbringen. Dann wird die Form mit einer Blechschere oder Laubsäge ausgeschnitten und gerade geklopft. Nach dem Entgraten aller Kanten wird die Fläche der Vorderseite fein geschliffen und poliert. Das Polieren kann bei Bedarf mit einem Küchenschwamm/polierer jederzeit wiederholt werden.

Wer will, kann mit Zweikomponenten-Kleber einen Schmuckstein aufkleben. Aufgesprühter Klarlack glänzt stärker als die nur polierte Fläche und gibt dem Schmuckstück länger Glanz. Feine Kettchen und sehr kleine Schlüsselringe sind im Baumarkt oder im Bastelladen und natürlich auch im Schmuckgeschäft zu finden.

Alte, echte Hufeisen vom Reiterhof können – gesäubert – mit Schlagbuchstaben beschriftet und silbern oder golden spritzlackiert werden. Soll die Inschrift hervorgehoben werden, reiben wir farbiges Kreidepulver hinein. Am frei erfundenen Schlosserwappen erkennt man gut die absichtlich erhaltenen Anreißlinien. Es entstand in langer, geduldiger Arbeit. Hinterlegt ist es mit einem angeklebten Stoffrest (Abb. 4.11).

4.11: Kleine Schmuckstücke.

8. Bilderhalter Draht, Blech

Schöne Kleinigkeiten zum Verschenken lassen sich aus Draht biegen oder aus einem Stück dünnem Blech auf der Abkantbank bzw. im Schraubstock mit extralangen Alu-Schutzbacken. Mitentscheidend für den Gesamteindruck ist auch hier die feine Oberflächenbearbeitung (Abb. 4.12).

4.12
Bildhalter aus Draht (rechts) und aus Blech (links) mit Biegefolge – zum Verschenken mit Bild.

9. Stiftebecher und Schalen

Drei ganz unterschiedliche Rohrstücke aus Leichtmetall hatten sich in meiner Sammelkiste „Rundmaterial" eingefunden. Sollte ich sie wegwerfen, weiter aufheben oder etwas daraus machen? Eine Lösung der Frage ergab sich, als noch ein Honigbüchsendeckel hinzukam. Mit Metallkleber und etwas Alu-Sprühfarbe entstand daraus ein Aufsteller für Stifte. Die Ränder der Teile wurden mit Halbrundfeile und Schmirgelleinen (Korn 180) entgratet und die 4 Stücke entlang der Berührungsflächen sorgfältig mit Cyanacrylat-Metallkleber bestrichen und verklebt. Nach dem Lackieren mit Sprühlack wirkt das Ergebnis homogen und ansehnlich (Abb. 4.13).

Schalen für Stifte oder auch für andere Zwecke aus gebogenem Blech anzufertigen, ist eine gute

4.13
Stiftebecher aus Rohrstücken: liks vor dem Lackieren, rechts nachher.

Übungsarbeit, um mit der Bearbeitung von dünnem Stahlblech vertrauter zu werden.

Im Beispiel (Abb. 4.14) war eine Stahlblechplatte vorhanden, 0,7 mm stark, mit den Abmessungen 200 x 125 mm. Für die Füße wurden noch 2 Streifen Blech gebraucht, 20 mm breit, 80 mm lang und 1,5 mm stark, außerdem 2 Flachkopfschrauben M4 x 8 mm mit Sechskantmuttern.

Die Ränder an den Längsseiten des Blechs sind jeweils etwa 7,5 mm umgebogen (gefalzt); die Halbrundform wurde danach durch gleichmäßiges Biegen im Schraubstock im 10 mm-Abstand hergestellt, wobei der Schraubstock mit 200 mm langen Alu-Schutzbacken versehen war. Alle Kanten wurden entgratet.

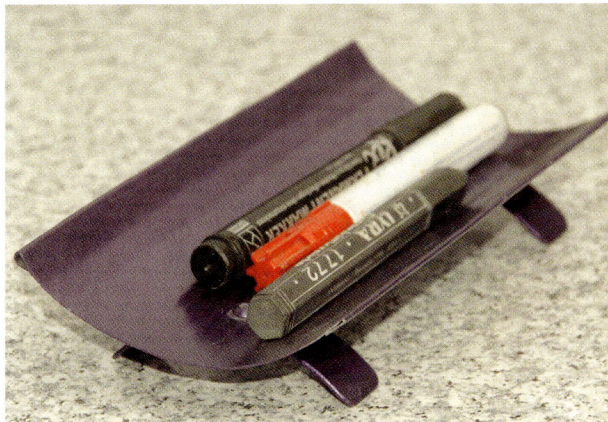

4.14: Schale aus gebogenem Stahlblech, lackiert.

Das Rundbiegen der Fußteile kann über eine entsprechende Gegenform oder durch behutsames Klopfen am geöffneten Schraubstock erfolgen. Letzteres empfiehlt sich am Ende eines längeren Blechstreifens. Das Abschneiden auf 80 mm Länge sollte erst nach dem Biegen erfolgen.

Die Lackierung könnte bei einem verzinkten Blech weggelassen werden, ist andererseits aber ein schönes Gestaltungselement.

Die Blechschale mit aufgekantetem Rand in Abb. 4.15 verlangt eine genaue Abwicklung der umzubiegenden Blechränder und beim Biegen eine bestimmte Reihenfolge. Um sich das Endprodukt besser vorstellen zu können, ist es hilfreich, vorher ein Modell aus Pappe oder aus einem anderen leicht formbaren Material anzufertigen (Abb. 4.16).

4.15: Blechschale mit aufgekantetem Rand.

Biegereihenfolge siehe Skizze unten.

1. Umrisslinien ausschneiden, Kanten entgraten
2. 7 mm-Falze umbiegen und festklopfen
3. Kurze Ecken um 90° hochbiegen
4. Längs- und Querseiten über Beilagen um ca. 60° hochbiegen
5. 7 Bohrungen mit 3 mm ø anbringen
6. Eck- und Bodenschrauben M3 x 6 mm mit Hutmuttern einschrauben.

4.16: Pappmodell für die Blechschale.

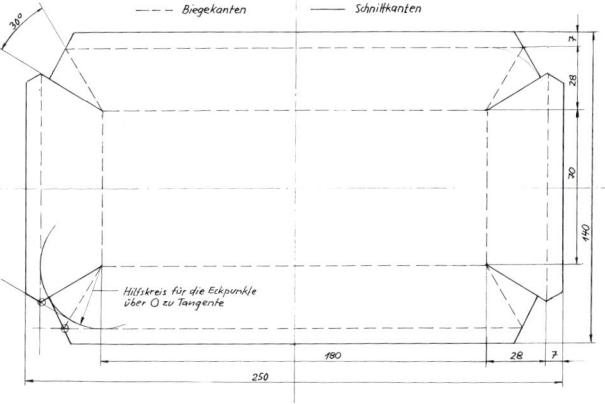

4.17: Buchstützen, hier aus Holz gefertigt.

10. Buchstützen aus Blech, Holz, Stein, Glas

Nur weil mir der im Schwarzwaldbach entdeckte Kiesel und der für 60 Cent erstandene Glasrest bei der Besichtigung einer Thüringer Glashütte so gut gefielen, entstanden diese beiden Buchstützen. Ein dicker Lindenbaumast wurde dafür zersägt, die daraus erzeugten Brettchen geschliffen und verleimt. Zwei 0,5 mm dünne Blechreste aus verchromtem und verzinktem Stahl klebte ich von unten an das Holz, so dass Buchstützen und Bücher stets sicher stehen. Bleibt zu hoffen, dass auch Sie die Buchstützen schön finden.

11. Runde Blechschalen

Runde, flache Blechschalen lassen sich durch Umformen (Treiben) einer ebenen Blechplatte (aus Abfällen vom Spengler oder vom Schrottplatz) relativ leicht herstellen. Benötigt werden dafür ein Treibhammer (mit rundem Kopf) und selbstgefertigte Hohlformen aus Holz.

Kupferblech ist weich, dehnbar und lässt sich besonders gut verformen. Es kann aber auch interessant sein, andere Metalle auszuprobieren. Übrigens: Wenn Kupferblech durch starkes Umformen, d.h. langes Hämmern, hart wird, macht Ausglühen es wieder weich.

Die Treibhämmer haben abgerundete Schlagflächen. Je kleiner die Rundung, desto ausgeprägter strukturiert ist später die „behämmerte" Fläche. In der Regel werden Stahl-Hämmer verwendet, doch sind solche aus Holz oder Schonhämmer mit Kunststoffeinsätzen auch geeignet, besonders wenn glattere Flächen erzeugt werden sollen (siehe Abb. 3.27 (Hämmer).

Für die Hohlform ist ein möglichst hartes Holz empfehlenswert, z.B. Eiche, Buche o.ä. Entspre-

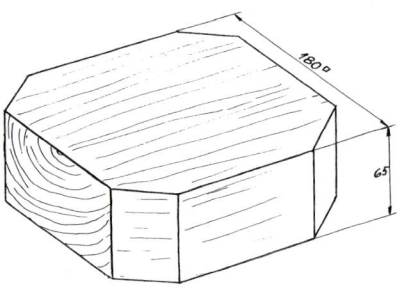
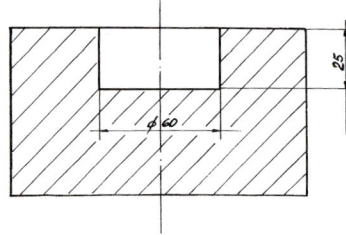
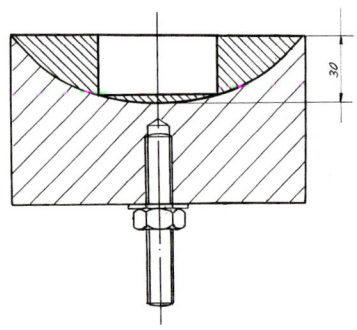

4.18:
Herstellung einer Holzform zum Treiben von Schalen.

Oben: Holzklotz mit den Abmessungen 180 x 180 x 65 mm als Ausgangsmaterial für die Form.

Mitte: Mit einem Forstner-Bohrer kann die Vertiefung vorgearbeitet werden.

Unten: Querschnitt der fertigen Form zum Treiben von flachen Schalen.

chend starke Multiplex-Platten sind ebenfalls geeignet. Die Herstellung der Form ist in den Zeichnungen xx dargestellt. Ausarbeitet wird die Halbrundform mit dem Stechbeitel (Stemmeisen), wobei die Oberfläche am Ende mit einem Winkelschleifer mit Fächerschmirgelscheibe geglättet und geschliffen wird. Ein Gewindestift M12 x 70 mm (z.B. aus Gewindestange) wird von unten eingeschraubt und mit Mutter und Scheibe gesichert, entweder zum Einspannen in den Schraubstock oder als Führung bei Auflage auf den Amboss.

In der fertiggestellten Hohlform lassen sich Schalen mit kleinerem (z.B. 50 mm ø) und großem Durchmesser (z.B. 175 mm ø) herstellen.

Durch eine von unten angenietete oder angeschraubte kleinere Schale wird das Produkt ebenso standsicher wie durch zwei halbrund gebogene, kreuzweise angebrachte Blechstreifen. Abb. 4.20 bis 4.23 zeigen einige Ausführungsvarianten.

4.19
Treiben von Messingblech in der angefertigten Holzform.

4.20 – 4.23
Verschiedene Ausführungen von Schalen und Tellern aus getriebenem Blech.

4.24: Außenansicht der Blechtür.

12. Blechtür für Kleintierstall

Kaninchen und Meerschweinchen dürfen bei gutem Wetter über zwei Mauerdurchgänge in das eingezäunte Freigelände hinaus. Türchen, innen aus Eichenholz und außen aus verzinktem Blech geben den Weg dazu frei. Hier handelt es sich um eine typische Blecharbeit, mit Falzen, Biegen, Weichlöten und Nieten (Abb. 4.24).

Riegel und Scharniere fanden sich in der Sammelkiste für Beschlagteile. Die Scharniere wurden durch Anschweißen von 2 mm dickem Flachstahl auf die Türbreite bzw. die gewünschte Länge gebracht. Alle blanken Stellen sind durch Zinkstaubfarbe rostgeschützt.

4.25: Stalllaterne aus Blechresten.

13. Stalllaterne aus Blechresten

Verzinktes Stahlblech von 0,8 mm Stärke wurde nach selbstgefertigten Plänen mit Blechnibbler und Handblechschere zugeschnitten und gebogen. Die Seitenteile, Deckel und Haube wurden beim Zusammenbau weichgelötet und genietet.

Der Boden aus 1,5 mm Blech ist mit vier Bohrungen von ø 25 mm und in der Mitte mit einem nach oben stehenden Nagel zur Aufnahme der Kerze versehen. Vier nach unten etwa 25 mm herausstehende 8 mm-Schrauben gewährleisten, dass genügend Verbrennungsluft durch die erwähnten Bohrungen im Boden einströmen kann.

Der Boden ist zum Einsetzen und Anzünden der Kerze abnehmbar. Vier kurze 6-mm-Blechschrauben verbinden ihn mit den Seitenwänden (Abb. 4.25).

Alle geschnittenen Kanten sind mit silberner Rostschutzfarbe gestrichen. Vier eingesetzte Acrylscheiben werden in der Mitte mit je einer 4 mm-Schraube am Fensterkreuz gehalten. Der Deckel über der Abzugsöffnung kommt vom Baumarkt. Es ist eine Pfahlabdeckung aus der Gartenabteilung. Der Drahthenkel stammt von einem zerbrochenen Putzeimer.

14. Wetterdrachen

Der Mundenhof in Freiburg, ein Tierpark nicht weit vom jungen Wohngebiet „Rieselfeld" gelegen, trägt einen großen Wetterhahn aus verzinktem Blech auf dem Scheunendach, dort, wo das großartige Projekt KONTIKI (Kontakt Tier – Kind) untergebracht ist. Das ließ uns vom Abenteuerspielplatz Weingarten nicht ruhen und so planten wir einen Wetterdrachen für das Dach des „Drachennestes", des Zentrums der großen Aktiv-Spiel- und Freizeitanlage.

Ein Wetterhahn funktioniert dann gut und stellt den Schnabel in die Richtung des Windes, wenn hinter dem Drehpunkt ein langer Schwanz liegt, wie bei einer Wetterfahne. Er braucht auch nicht sehr stabil zu sein, im Wesentlichen müssen er und die Lagerung nur die Windkräfte von vorn aushalten.

Zu diesem Zweck haben wir das Orginalbild des Spielplatz-Logos abgewandelt und vor allem mit einer „Windfahne" ergänzt. In der gewünschten Größe haben wir die Figur zunächst auf Karton aufgezeichnet und dann auf ein Blech von 0,75 mm Stärke übertragen.

Die Figur wurde zunächst mit der Hebelschere in den Umrissen so gut es ging grob ausgeschnitten und dann mit dem Blechnibbler genau konturiert. Nach dem Entgraten der Kanten wurde das Gebilde auf einen unteren Stab aus Winkelstahl von 20x20x3 mm genietet und mit einem stabilisierenden senkrechten Stab vernietet, der sich nach unten in einem angeschweißten Zapfen fortsetzt. Dadurch entstand praktisch ein Kreuz, welches das ziemlich dünne Blech stützt.

Nach Auftragen von Grundierfarbe wurde das gesamte Teil zweimal lackiert.

Die U-förmige Halterung zum Anschrauben an den Dachbalken wurde aus miteinander verschweißten Flachstahlstücken mit 30 x 4 mm Querschnitt hergestellt. Zur Lagerung sitzt der Zapfen des Wetterdrachens in einem 100 mm langen Rohr, das passend zum erwähnten Zapfen ausgesucht und mit der U-förmigen Halterung verschweißt wurde. Eine große Scheibe oberhalb des Zapfens schützt die Lagerhülse gegen Wassereintritt, ein unten eingesetzter Spannstift sichert den Drachen gegen Abheben aus der Lagerhülse. Ein Kreuz aus Rundstäben (10 mm ø) mit den aus

4.26: Drachen, Huhn, Ei – das Logo der Aktiv-Spiel- und Freizeitanlage.

Draht gebogenen, angeschweißten Buchstaben N, O, S, W an den Enden wurde so an die Halterung geschweißt, dass die Himmelsrichtungen stimmen. Auch dieses Gebilde wurde ausreichend durch Farbe geschützt, bevor der Wetterdrachen insgesamt am Dachbalken festgeschraubt wurde. Den Raum zwischen Rohr und Bolzen füllten wir bei der Montage großzügig mit Schmierfett.

Heute, nach etwa sechs Jahren, stellt sich der Drachen immer noch unermüdlich in den Wind.

4.27: Der fertige Wetterdrache, unermüdlich im Dienst.

15. Windrad

Eigentlich wollten wir ein richtiges Windrad bauen und mit einer Auto-Lichtmaschine Strom erzeugen, fünf Meter hoch auf dem Eifelturm, der aus einer Theaterdekoration stammt. Doch nach mehrwöchigem Messen der Windgeschwindigkeit dort, auf dem tief gelegenen, von Bäumen umstandenen Abenteuer-Aktiv-Spielplatz, mussten wir einsehen, dass sich das kaum lohnen würde. Mindestens drei Meter pro Sekunde Windgeschwindigkeit, so hatten wir uns kundig gemacht, sollte das Anemometer anzeigen, doch so weit kam es nur äußerst selten.

So verzichteten wir auf die Stromerzeugung und es entstand nur ein attraktiver Blickfang, schön rot-weiß angestrichen.

Den Kern bildet die kräftige Kugellagerung einer alten Waschmaschinen-Trommel. An die Nabe ist ein 4 mm starker Stahlteller geschraubt, der achtfach radial eingesägt wurde. Diese 8 Segmente sind entsprechend der Schrägstellung der Windradflügel verdreht/verschränkt und mit je 2 Schrauben M6 mit diesem verschraubt. Der äußere stabilisierende Ring aus 6 mm Rundmaterial verbindet die Flügel außen mit je einem Blechwinkel und 2 Schrauben M5, wobei Ring und Winkel mit einem starken Schweißpunkt zusammengehalten werden.

Die verschränkten acht Schaufeln aus 1-mm-Stahlblech wurden an den Hinterseiten leicht abgewinkelt, um das Blech zu versteifen. Dies gibt zusammen mit dem äußeren Ring dem Gebilde ausreichend Festigkeit, um auch in einem gelegentlichen Sturmwind schadlos durchzuhalten.

Wichtig war das Auswuchten, um das ganz gleichmäßige Rundlaufen bzw. Stehenbleiben des Rades an jeder beliebigen Stelle sicherzustellen. Dies wurde erreicht durch Anschrauben von Unterlegscheiben als Ausgleichsgewichte am äußeren Rand der Schaufeln, soweit erforderlich.

4.28: Das Windrad mit dem ca. 5 m hohen Turm

4.29: Der Rotor im Detail

16. Stövchen und Zubehör

Zum Warmhalten von Tee- oder Kaffeekannen gibt es Stövchen in vielfältiger Form aus Keramik, als Metall-Holz-Kombination und solche aus Metall. Der Anlass für mich war die Suche nach geeigneten Objekten, um Jugendlichen das Arbeiten mit Metall näher zu bringen: Schneiden, feilen, bohren, entgraten, schrauben und gegen Rost schützen. Nachdem wir verschiedene Varianten mit verzinkten Lochblechen geprüft hatten, fand ich eine viereckige (Abb. 4.30) und eine achteckige Lösung (Abb. 4.32). Die Erstere ist in Abb. 4.31 zeichnerisch dargestellt, ihre Herstellung soll im Folgenden kurz beschrieben werden.

Alle scharfen Kanten der Blechteile und Rohre werden nach dem Zuschneiden mit der Feile entgratet und anschließend gemäß Zeichnung Löcher

Materialliste:
1. Lochblech, ☐ 5 mm, 1 mm stark, Lochabstand 8 mm, verzinkt
2. Vierkantrohr 10 x 1 mm, (je 2 x Stahl blank, silbern gespritzt)
3. Bodenbleche 40 x 2 mm (2 x Stahl blank, silbern gespritzt)
4. Gewindestange M5 x 82 mm (4 x Stahl verzinkt)
5. Hutmutter M5 (8 x Stahl verzinkt)
6. Unterlegscheibe 5 mm ø, (4 x Stahl verzinkt)
7. Zylinderschraube mit Schlitz M3 x 8 mm, (4 x Stahl verzinkt)
8. Hutmutter M3 (4 x Stahl verzinkt)

4.30
Viereckiges Stövchen mit Gewindestangen M 5 und Vierkantrohren,

4.31
Abmessungen und Bohrungen zur Herstellung des viereckigen Stövchens.

4.32
Achteckiges Stövchen mit Sechskantstäben aus Messing, vernickelt, und M4-Gewinde oben und unten, ein Zufallsfund vom Schrottplatz,

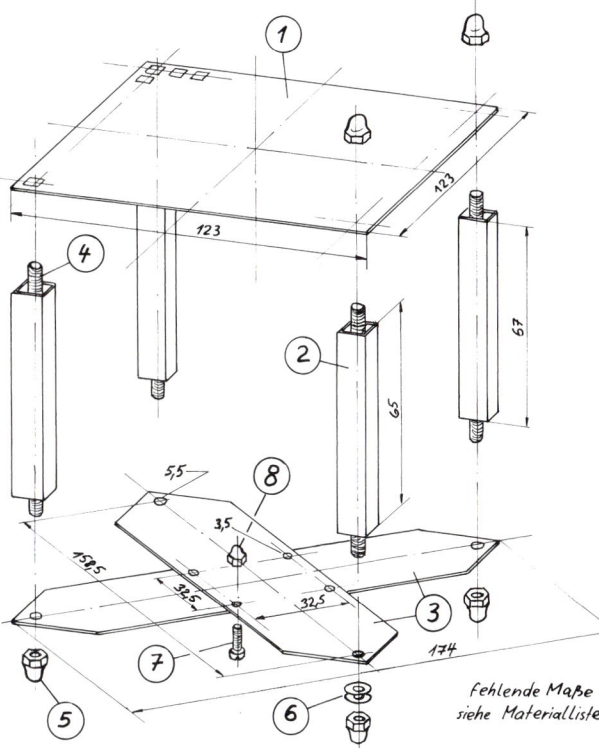

fehlende Maße siehe Materialliste

in die Bodenbleche gebohrt. Die Teile 2 und 3 werden in gut belüfteter Umgebung mit Silberlack eingesprüht. Nach dem Trocknen kann das Stövchen, beginnend mit den Schrauben und Hutmuttern M3, zusammengebaut und die Muttern mit der Hand aufgeschraubt werden. Wenn alles zusammenpasst, werden die Muttern festgezogen. Wackelt das Stövchen stark, muss die Ursache festgestellt werden, bei geringfügigem Wackeln reicht es meist, die Köpfe der unteren Hutmuttern mit der Feile zweckentsprechend anzugleichen.

Für den praktischen Gebrauch sollten neben dem Stövchen mit Teekanne auch noch Milch und Zucker sowie Servietten präsentiert werden, alles auf einem schönen Holz-Servierbrett angeordnet. Die Birkenholz-Bretter fand ich preiswert in einem Möbelgeschäft, sie wurden aber noch mit 5 x 5 mm starken, aufgeklebten (Holzleim) Randleisten versehen. An den Ecken sind von unten Filzplättchen angeklebt. Für den Serviettenhalter boten sich die Abfallstücke vom Lochblech an. Das Biegen im Schraubstock (mit Schutzbacken) über ein eingelegtes Zwischenstück aus Metall oder Hartholz war nicht schwer. Und vier Flachkopfschrauben M3 mit Scheiben und Hutmuttern (von unten) ergeben einen sicheren Stand. Zuckerdose und Milchkännchen stammen aus dem Secondhandladen (Abb. 4.33).

4.33: Arrangement für Tee oder Kaffee

4.34: Pfeffer, Salz, Essig und Öl, Kaffee oder Tee auf dem Drehtablett.

17. Pfeffer, Salz, Essig und Öl

Die Lochblechreste – siehe Stövchen – gaben den Ausschlag für Ergänzungen zum Tablett mit Stövchen: Es wurden Halter für die Servietten, für Pfeffer-und-Salz wie auch für die Essig-und-Öl-Flaschen angefertigt, angepasst jeweils an vorhandene Gläser und Fläschchen. Da war Phantasie gefragt. Das alternativ gezeigte Milchfläschchen gefällt mir genauso gut, es wurde vor dem Gang zum Glascontainer abgezweigt (Abb. 4.34).

Im Haushaltswarengeschäft fand ich kugelgelagerte runde Servierbretter im Sonderangebot, so dass der Anreiz, eins zu kaufen, groß war. Allerdings machte ich mir Gedanken über einen Rand, damit auch bei schnellem Drehen die Fliehkraft keine Chance bekommt.

Aus blankem Stahldraht von vier mm Durchmesser wurden ein Ring gebogen und vier Zapfen angeschweißt (hartlöten wäre auch gut). Nach dem Entfernen der Schweiß-Spritzer vom Geländerchen wurde es geschliffen und mit farblosem Lack besprüht. Das Brett erhielt passgenau vier Bohrungen von vier mm Durchmesser, etwa ¾ der Brettdicke tief. Das hineingedrückte Drahtgebilde hält ohne Verklebung, da kleine Ungenauigkeiten beim Bohren in Holz eine Klemmwirkung erzeugen.

18. Metall beschriften

Die einfachste Möglichkeit, um Metallgegenstände zu beschriften, ist wohl das Einschlagen von Buchstaben (Abb. 4.36) mit Meißel und Körner: Mit Bleistift, Kreide oder Filzstift vorgezeichnet werden die Buchstaben mit Flach- bzw. Kreuzmeißel eingeklopft (Abb. 4.35), die i-Punkte mit dem Körner.

Einfacher geht es mit Schlagbuchstaben und -zahlen (Abb. 4.38), die man in verschiedenen Größen beim Fachhandel kaufen kann. 4 mm ist eine gute Größe, z.B. für Schlüsselanhänger. Wer will, hält die Oberfläche mit einem Küchenreibschwamm glänzend. Ganz individuell kann man mit einem Lichtbogen-Freihand-Elektroschreiber (Abb. 4.37) beschriften. Anmerkung: Zu solchen Geräten gibt es auch Brennschreiber, die auf das Beschriften von Holz abgestimmt sind (siehe z.B. bei „Thaleskreis" Seite 76).

4.35: Verschiedene Meißel und ein Körner, die sich auch zum Einschlagen von Buchstaben eignen.

A B C D E F G H I J K L M
N O P Q R S T U V W X Y Z

4.36: Ein Alphabet und Zahlen aus geraden Strichen

4.37
Elektroschreiber mit Beispielen

4.38
Schlagbuchstaben und Zahlen verschiedener Größe

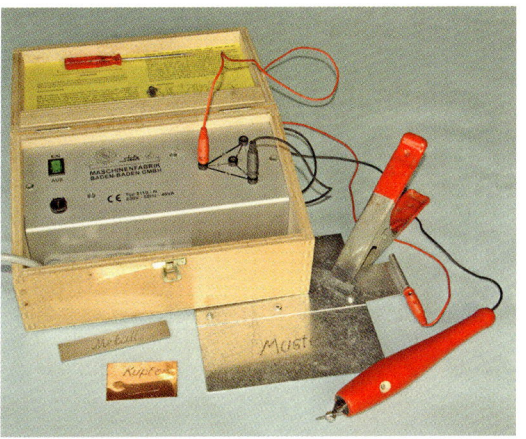

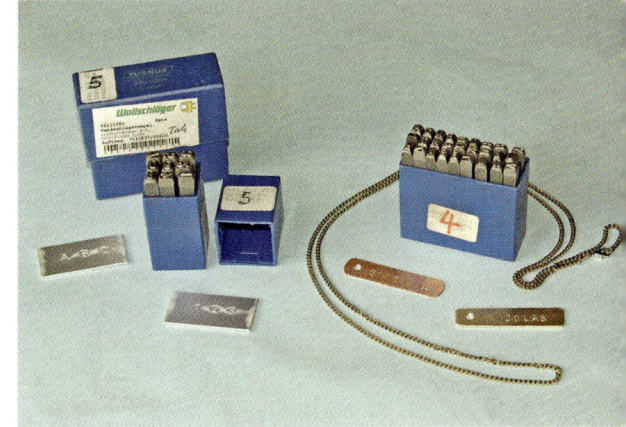

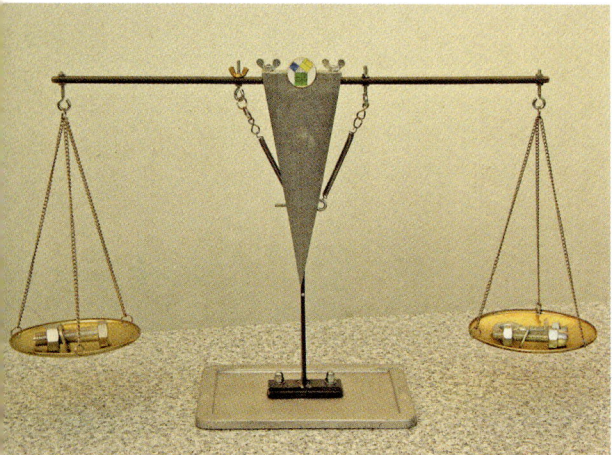

4.39: Einfache Balkenwaage.

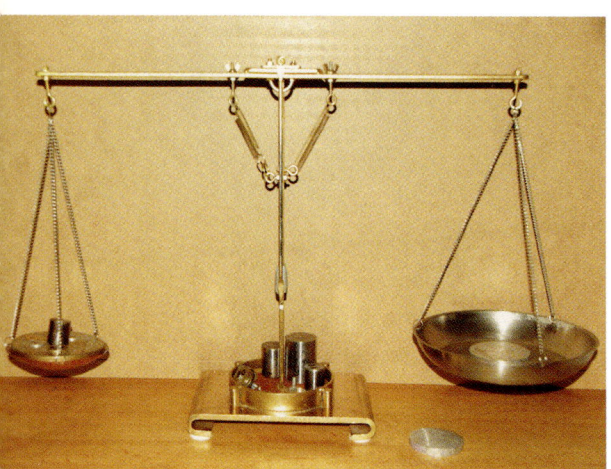

4.40: Das weiterentwickelte, etwas größere Modell.

19. Balkenwaage

Die Balkenwaage in Abb. 4.39 stellt eine erste Version dar; das Material stammt weitgehend vom Schrottplatz, die zwei halbrund ausgeklopften Schalen waren zuvor Deckel von 2,5 l Honigdosen, der Fuß eine alte Ofentür. Die Höhe der Waage beträgt etwa 350 mm, die Breite 500 mm.

Für die zweite, etwas größere Ausführung (Abb. 4.40) fand ich einen anderen Standfuß und eine ausrangierte Bratpfanne als Waagschale im Schrott, ebenso wie auch das rostfreie Stabmaterial für die Gewichte. Die Gewichte zur Darstellung des Wägebereichs von 1 bis 1000 g wurden auf Brief- und Küchenwaage einigermaßen genau gewogen und genau passend zurechtgedreht und geschliffen.

Beide Waagen funktionieren und sind in Kindergärten gern gewählte Spielzeuge. Die Federn aus alten Bürogeräten sollen, gegenläufig angeordnet, ein zu langes Auspendeln verhindern.

Gefälliger könnte die Waage wirken, wenn die Federn entfallen und man stattdessen eine andere Abbremseinrichtung für zu langes Auspendeln wie auch für das Einstellen des Nullpunktes findet. Ich bin aber noch nicht zu einer durchdachten Überarbeitung der Konstruktion gekommen.

Einen Hinweis noch zur Herstellung der Gewichte: Es empfiehlt sich, alle Gewichte aus Kupferrundstäben zu sägen, z.B. die leichteren aus Stäben mit 10 mm ø, die mittleren aus Stäben mit 20 mm ø und die großen aus Material mit 40 mm ø. Die Formeln zur Berechnung der Scheibendicke sind in Abb. 4.41 wiedergegeben. Die Kennzeichnung der Gewichte in Gramm erfolgt am besten mit eingeschlagenen Zahlen. Wer Griffstöpsel zum besseren Anfassen, z.B. aus dickem Cu-Draht, aufkleben will, muss deren Gewicht von dem der jeweiligen Scheibe abziehen.

Formel zur Berechnung des Gewichts eines Zylinders

Dichte $\rho = \dfrac{m}{V} = \dfrac{\text{Masse}}{\text{Volumen}} = \dfrac{m}{r^2 \cdot \pi \cdot s}$

hieraus Scheibendicke $s = \dfrac{m}{r^2 \cdot \pi \cdot \rho}$

mit $\rho_{Cu} = 8{,}95 \text{ g/cm}^3$

r = Radius des Rundstabes in cm

π = Kreiskonstante = 3,14

Beispiel für die Scheibendicke des 20 g-Gewichtes aus 20 mm ø Cu-Rundstab

$s = \dfrac{20}{1 \cdot 1 \cdot 3{,}14 \cdot 8{,}95} = 0{,}712 \text{ cm} = 7{,}12 \text{ mm}$

4.41: Formel zum Berechnen der Größe der Gewichte.

20. Gartentor

Alte Tore und Gitter finden sich auf Schrottplätzen zuhauf. Wenn man Glück hat, sitzen die Scharnierröhrchen an der richtigen Stelle und es steckt sogar noch ein Schlüssel im Schloss.

Bei dem im Bild gezeigten Beispiel war beides nicht der Fall (Abb. 4.42). Trotzdem hielt sich die nötige Anpassarbeit in Grenzen. Allerdings konnte ich auch beim größten Schlüsseldienst der Stadt nicht den passenden Schlüssel finden. Zwar gab es die gleiche Form, aber nur in kleineren Ausführungen. So musste ich ihn selber machen und habe dabei die Form etwas vereinfacht. Das Schließen funktioniert trotzdem.

4.42: Durch Anschweißen von Laschen konnte das Gartentor einfach wieder eingebaut werden.

21. Werkzeugwand

Es war ein Glück, diese großen Lochbleche zu finden, die nun zur Halterung von Werkzeugen dienen (Abb. 4.44). Freilich könnte man die Fläche auch aus kleineren Stücken zusammensetzen, zusammengehalten durch Schweißpunkte oder angeschraubte Blechlaschen. Als Rahmen eignet sich vorzugsweise Winkel- oder U-Profil. Das Blech wurde mit kurzen Schweißraupen daran befestigt. Die Anbringung an der Wand mit Scharnieren erlaubt es, Haken oder andere Aufhängemittel an der Rückseite zu verschrauben.

4.43: Selbst gefertigter Nach-Schlüssel für das Gartentor.

4.44
Zwei selbstgefertigte Werkzeugwände nebeneinander.

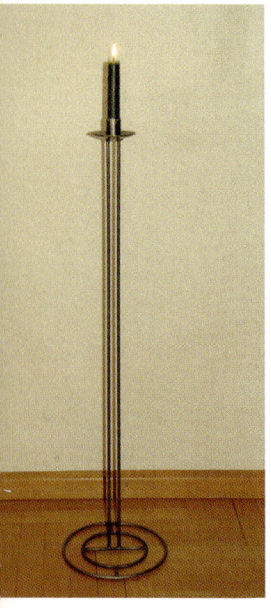
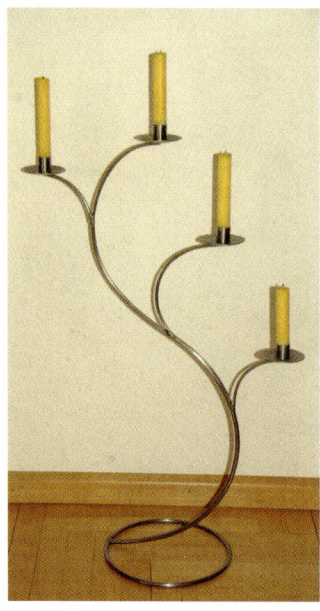

22. Kerzenständer aus Stahldraht

Angefangen hatte es mit einem Weihnachtsgeschenk, das mir trotz seiner Minimalform gut gefiel, aber durch Anschweißen eines zweiten, größeren Ringes am Fuß etwas standfester gemacht werden musste (Abb. 4.45). Das Kunstwerk gab mir Anregung zu weiterem Schaffen.

Um eine gefälligere pflanzenwuchsähnliche Form zu erzeugen, wurden die beiden nachfolgenden Kerzenständer über Baumscheiben oder Töpfen rund gebogen. Die Teller aus Stahlblech und die Röhrchen für die Kerzen wurden durch Ringe und einsetzbare Glasschalen vom Flohmarkt oder aus einem 1 €-Laden ersetzt, was die Arbeit ein wenig vereinfachte.

Abb. 4.47 bis 4.49 zeigen einige Beispiele, die an den Verbindungsstellen geschweißt sind, Hartlöten wäre aber auch möglich. Die Stahldrahtstücke haben 8 mm, 6 mm und 5 mm Durchmesser, nach oben dünner werdend. Ein ursprünglich als Kerzenständer vorgesehenes, aus geraden Stangen und mit 4 Ringen zusammengehaltenes ca. 80 cm hohes Gebilde wurde von Freundin Hannelore zum Blumenständer umfunktioniert (4.49).

4.45 (links): Gerader Kerzenständer.

4.46 (rechts): Geschwungene Varianten des Kerzenständers aus Stahldraht.

4.47 (unten links) und 4.48 (Mitte): Beispiele

4.49 (rechts):
Blumenständer – einmal umgeworfen hat dem Stahl nicht geschadet.

23. Einfache Schmiedearbeiten

Das Schmieden von Stahlteilen erfordert nicht nur eine Esse (Kohlenfeuer mit Gebläse), ersatzweise eine Autogern-Schweißeinrichtung, mit Amboss, Schmiedehämmer und –zangen, sondern auch Kraft und Übung im Umgang mit dem glühenden Metall. Abb. 4.50 bis 4.52 zeigen eine Auswahl einfacher Schmiedestücke.

4.50: Stücke auf Flachstahl- und Vierkantstahl-Resten.

4.51: Die Windungen im Schaft, sogenannte Zwirbel, werden durch Aufspalten und Verdrehen des glühenden Stabes erzeugt. Im vorliegenden Fall wurde ein vorgefertigtes Teil im Baumarkt gekauft und durch Verschweißen eingesetzt.

4.52: Verzierung des Vierkantstahls durch Verdrehen. Der goldene Schimmer wird durch Bürsten mit einer Messingdrahtbürste erzeugt.

4.53: Drei Henkel-Töpfe verschiedener Art

24. Grill-, Brat- und Kochgeräte

Während mehrerer Ungarnaufenthalte fiel mir auf den Bauernmärkten immer wieder das typische Dreibein mit darunter hängendem Henkeltopf ins Auge, das dort in unterschiedlichen Größen und Formen angeboten wird (Abb. 4.54). Das Leben und Zusammensein im Freien scheint in der Puszta und auch sonst im Land sehr verbreitet zu sein. Ich nahm diese Anregung gern auf und habe gleich einige preiswerte Töpfe und eine große Pfanne aus dem breiten Angebot erworben (Abb. 4.53).

Der große, ca. 55 cm messende emaillierte tiefe Teller sei zum Braten gedacht, ließ ich mich beraten, wobei bei größeren Mengen der äußere erhöhte Rand als Warmhaltezone dient. Um die Bodenvegetation zu schonen und unkontrolliertes Ausbreiten des Holzkohlenfeuers zu verhindern, ist ein Feuer direkt auf dem Boden bei uns nicht erwünscht. Daher fertigte ich dafür passende Feuerschalen an.

Als Ausgangsmaterial gut geeignet sind auf dem Schrottplatz erhältliche kugelrunde oder längliche Stahlbehälter, z.B. ausgediente Druckausgleichsbehälter aus Heizungsanlagen mit 38 cm Durchmesser oder größer. Diese habe ich mit einem Winkelschleifer rundum aufgeschnitten bzw. deren Böden abgeschnitten. Zur besseren Belüftung des Feuers wird der Boden mit 12 oder 16 Bohrungen von 8 mm Durchmesser versehen. Um eine gute Standfestigkeit zu gewähren, sollte der Durchmesser des Fußkreises wenigstens so groß sein wie die Feuerschale selbst. Für den Fuß verwende ich üblicherweise Flachstahl mit 8 × 20 mm oder 6 × 30 mm Querschnitt. Mit ineinander gesteckten Rohren in einer Mittelstütze oder in den drei Außenstützen plus Feststellschrauben ergibt sich eine Möglichkeit zur Höhenverstellung, z.B. im Bereich von 25 cm. Wer näher am Boden bleiben will, schweißt nur drei kurze Füßchen an, sofern der Behälterboden des Schrottteils nicht bereits solche aufweist. Für die ganz große

4.54 (oben): Dreibeine auf einem Marktstand in Héviz/Ungarn.

4.55 (unten links): Große Pfanne im Einsatz, hier über einer Feuerschale aufgehängt.

4.56: Feuerschale mit Standfuß und Grillvorrichtung.

4.57 (unten rechts): Einfache Feuerschale mit höhenverstellbaren Beinen.

Sauberkeit kann unter die Feuerschale noch ein Aschefangblech gelegt werden.

Neben dem Kochen ist hierzulande auch häufiger Grillen oder Braten angesagt. Dafür kann man sich z.B. runde Grillgitter (im Outdoor-Handel), oder eine Paellapfanne (im Fachhandel, z.B. 48 cm ø,) besorgen. Hier hatte ich einmal das Glück, fünf Pfannen als Restposten preiswert erwerben zu können, weil das Produkt aus dem Programm genommen wurde. Neben ihren zwei

4.58: Feuerschale auf Backblech.

4.59: Maße des Dreibeins mit Kette zur Höhenverstellung.

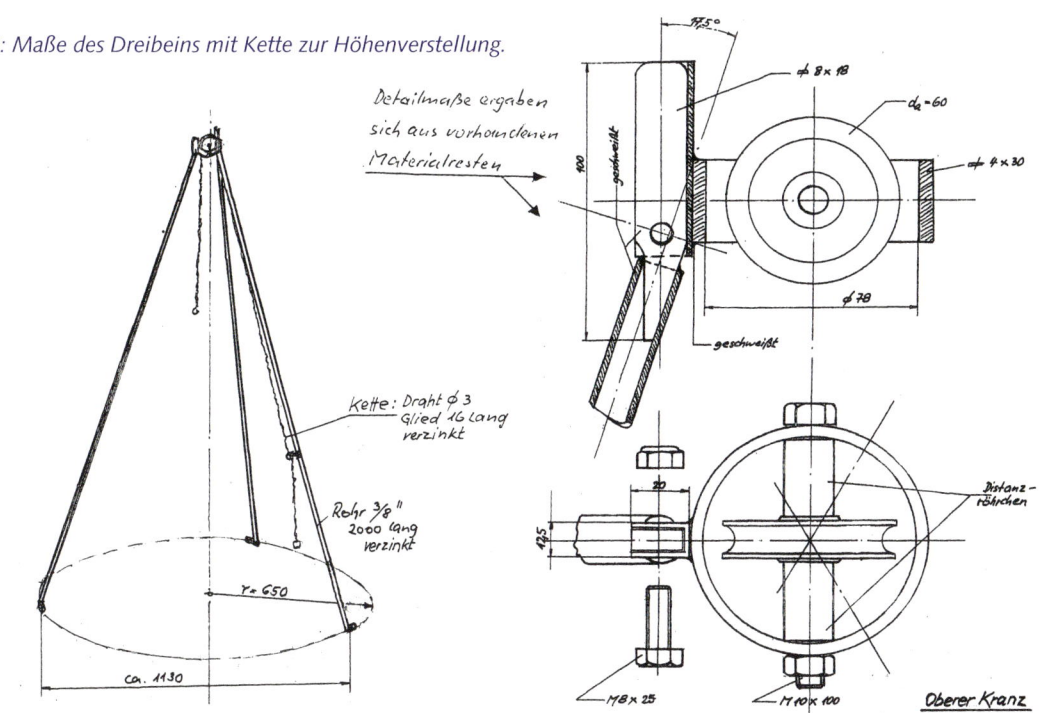

4.60: Dreibein mit Pfanne und großer Feuerschale.

4.61: Feuerschale mit Dreibein und Kessel.

4.62
Feuerschale mit am Dreibein aufgehängter Bratpfanne.

4.63 (links unten)
Ein mittelgroßes Trapezgestell für größere Gruppen.

4.64 (rechts unten)
Das Trapezgestell im Einsatz beim Kinderfest.

Griffen werden die Pfannen mit drei Aufhängeringen versehen, um sie mittels Ketten am Dreibein über das Feuer hängen zu können. Wie das gehen kann, zeigt das Beispiel eines Dreibeins für kleinere Gruppen in Abb. 4.60. Diese Art unbehandelter Stahlpfannen sollten vor dem ersten Braten mit Kartoffelscheiben oder –schalen, Salz und Öl „eingebrannt" und später immer eingefettet aufbewahrt werden.

Soll für eine größere Gruppe gekocht bzw. gegrillt werden, ermöglicht das Trapezgestell in Abb. 4.63 zwei nebeneinanderliegende Feuerstellen und bietet obendrein Aufhängemöglichkeiten für Kochlöffel oder ähnliches. Auch eine Tischablage kann eingehängt werden. Das Gestell ist schnell zusammengesetzt. Die obere Querstange besteht aus einem MEA-Torlaufprofil (MEA Meisinger, D-86543 Aichach), das ich als Rest von einem Schlosser erhielt. Danke, Peter. Zwei dazu passende rollengeführte Aufhängehaken musste ich im Fachhandel kaufen. Dafür können die aufgehängten Kochgeräte leicht seitlich hin- und hergeschoben werden. Die vier Beine plus Querstreben, also das Untergestell, wurden aus Vierkant-Rohrabschnitten zusammengesetzt.

25. Schrottbehälter

Auch für den, der aus Schrott Neues macht, kommt der Moment, in dem Reste, stark verrostete Teile und kleine Abfallstücke endgültig zu Schrott erklärt werden. Diese Stücke zu sammeln, möglichst sortenrein, und sie dem Recycling zuzuführen, bringt sogar klingende Münze.

Der große Sammelbehälter (Abb. 4.65) entstand zu 100% aus Altteilen: Vier starke belastbare Räder, der Rahmen aus ca. 30 Reststücken von Stahl-Winkel- und Hohl-Profilen zu einer Wannenform zusammengeschweißt und angerostete Bleche zum Auskleiden des Rahmens.

4.65: Fahrbarer Sammelbehälter für Schrott.

26. Treppe mit Geländer für einen Waldkindergarten

Auch ein Waldkindergarten braucht an Regentagen ein Dach über den Köpfen. Im vorliegenden Fall ist das ein Bauwagen mit einem verandaartigen erhöhten Vorbau, auf den eine vierstufige Treppe zur Eingangstür führt. Kurz gesagt, der TÜV hatte die alte Treppe beanstandet und mich reizte die neue Aufgabe. Die TÜV-Vorschriften zur Ausführung der Treppe besorgte mir die Leiterin des Kindergartens. Wichtig war das Ausmessen von Höhe und Breite des oberen Auftritts und der Aufstellflächen für die Treppenwangen unten.

Mit einer Zeichnung für die Seitenansicht der Treppe wurden die Höhen der Trittstufen, der Neigungswinkel sowie die Längen - und Bohrungsmaße festgelegt.

Zwei U-Schienen (6 x 40 x 60 mm) und vier 1 m lange Stufen – aus Gittern auf Maß gesägt – sowie Flachstahl (6 x 40 mm) fanden sich auf dem Schrottplatz (Abb. 4.67), Schrauben M 12 x

4.66: Die fertig montierte Treppe.

4.67: Stufenmaterial vom Schrottplatz.

35 mm mit Muttern und Federringen kamen vom Schraubenhandel.

Die Holme wurden gebohrt, geschweißt und verputzt. Die Treppenstufen sind durch die Verzinkung weitgehend rostgeschützt, die offenen Stellen und Schweißnähte versah ich mit drei Schichten Rostschutzfarbe. Der Zusammenbau und die Montage erfolgten vor Ort. Danach entschieden die Kindergärtnerinnen, dass doch wieder ein Geländer erwünscht sei. Die Möglichkeit war schon angedacht und so kam dieses noch dazu, hergestellt aus einem Edelstahlrohr, das am unteren Ende mit einer Stahlkugel verschlossen wurde (Abb. 4.66). Der Rest ist aus Flachstählen zusammengeschweißt bzw. oben und seitlich verschraubt. Als Rostschutz wurde - wie oben beschrieben – mehrlagig Rostschutzfarbe aufgetragen.

27. Kleiner Verkaufsstand

Freund Richard überließ mir sein großes, altes Kopiergerät zum weiteren Gebrauch. Als mir später die Instandhaltungskosten zu hoch wurden, entsorgte ich es. Das war eine „Heidenarbeit", mehr als 100 kleine Schrauben wurden gelöst und das meiste, nach Werkstoffen getrennt, als Altmetall oder im Restmüll entsorgt. Übrig blieb der Unterbau auf vier Rollen von 100 mm Durchmesser mit Feststellmechanismus. Die Aufstandfläche beträgt 65 x 75 cm.

Um über dem offenen Unterbau eine Holzplatte auf etwa 85 cm Höhe anbringen zu können, wurden vier 20 cm lange Holzstäbe (2,5 x 5 cm Querschnitt) jeweils mit zwei langen Holzschrauben von unten in den Ecken verschraubt und die Holzspanplatte so aufgelegt und festgeschraubt, dass sie auf zwei Seiten übersteht. Damit entstand ein fahrbares Mehrzweckgerät.

Die Tischplatte misst etwa 90 x 90 cm, die Höhe ist mit 85 cm über Boden gut 10 cm höher als die normale Schreibtischhöhe (75 cm).

Die zwei großen Öffnungen oben im Blechkasten sind mit der Deckelplatte einer alten Waschmaschine verschlossen, die seitliche Teilöffnung wurde belassen. Nach dem Beziehen der Platte mit Folie sieht das Gerät ziemlich schick aus und ist als Getränke-Verkaufsstand für den Pausenhof einer Schule vorgesehen. Ein Dach auf Stützen wäre leicht anzubringen, aber man will hier gegebenenfalls lieber einen großen Regen- bzw. Sonnenschirm verwenden. Bei einer niedrigeren Tischhöhe, d.h. wenn die obere Platte direkt auf den Blechunterbau geschraubt wird, kann das Objekt auch gut für Verkaufsspiele in einer Kindertagesstätte oder zu Hause von den eigenen Kindern und ihren Freunden genutzt werden.

4.68: Der rollbare Verkaufsstand im Rohbau.

4.69: Fertiger Tisch mit Getränkefach und Ablage.

4.71: Fahrradanhänger.

28. Fahrradanhänger

Fahrradanhänger müssen leicht und sicher sein. Deshalb ist die Materialauswahl wichtig, besonders bei der Anhängerkupplung. Letztere kann man im Fahrradgeschäft kaufen, so dass man bei diesem kritischen Bauteil auf der sicheren Seite ist. Alles andere, mit Ausnahme des Kunststoffbehälters im Beispiel, lässt sich aus alten Teilen oder Resten zusammenstellen.

Abb. 4.71 und 4.72 zeigen einen der vielen Fahrradanhänger, die ich zusammen mit Jugendlichen gebaut habe und die immer wieder etwas anders aussahen.

Es begann stets mit der Suche nach geeigneten Rädern, danach durchforsteten wir unsere Materi-

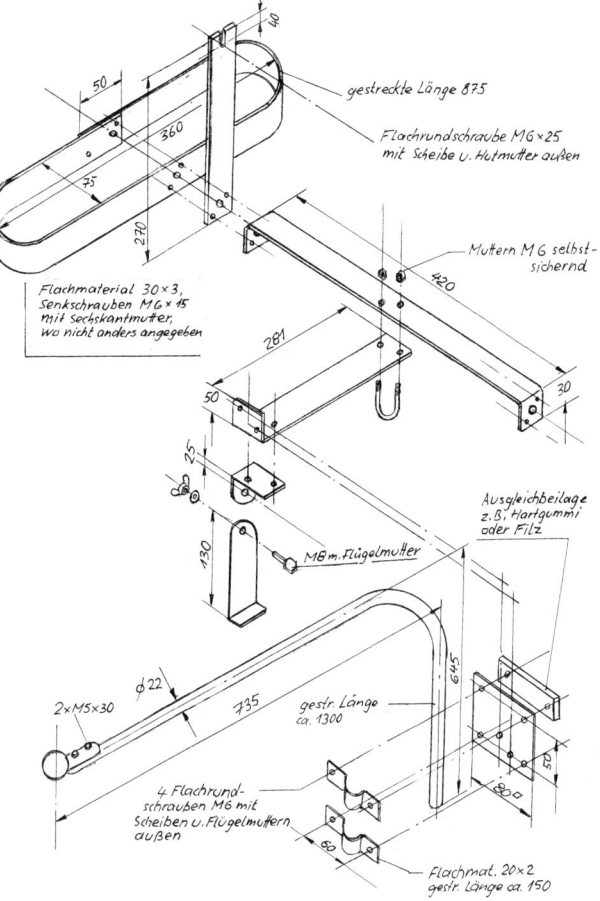

4.70: Konstruktionsdetails des Anhängers.

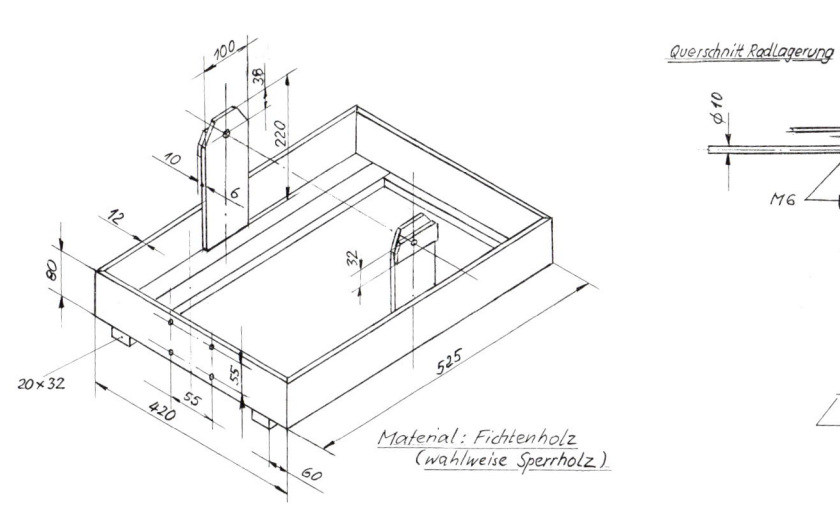

alvorräte oder besorgten uns auf dem Schrottplatz passende Teile für den Bau des Rahmens und der Deichsel. Insofern gibt es durch die verfügbaren Materialien stets gewisse Vorgaben für das weitere Arbeiten und die Maße des Anhängers, so dass kein Anhänger dem anderen glich. Einschränkend möchte ich sagen, dass von uns keine Gefährte gebaut wurden, um Kinder damit durch den Straßenverkehr (bei Wind, Wetter und Abgasen) zu transportieren.

Bei dem in Abb. 4.71 gezeigten Beispiel stammen die Räder mit Luftreifen (285 mm Durchmesser, etwas größere wären noch besser) von einem Kinderroller (vom Sperrmüll), die Stahlprofile für den Rahmen und das Deichselrohr vom Schrottplatz. Die tragenden Teile des Rahmens wurden zusammengeschweißt (Abb. 4.72), ebenso die Deichsel aus mehreren Rohrstücken mit der Anhängerkugelkalotte am vorderen Ende. Ersatzweise wären auch Hartlöten, Schrauben (siehe Skizze Fahrgestell) oder Nieten als Verbindungstechniken möglich.

Der Rahmen, der Kasten aus Kistenbrettern und der Kunststoffbehälter vom Baumarkt (Abmessungen oben H = 260, B = 400, L = 500 mm) hatten letztlich insgesamt nur ein Gewicht von etwa 7,2 kg, waren also so leicht wie ein Fahrradanhänger eben sein soll. Etwas aufgesprühte Farbe verschönerte das Ganze.

Die Maßskizzen in Abb. 4.70 zeigen eine nur auf Schrauben basierende Version, passend zu einem Fahrrad mit 28-Zoll-Rädern. Nach Auskünften von der DEKRA braucht es für solche einzeln gefertigten Fahrradanhänger keine Zulassung oder Abnahmeprüfung. Einiges ist freilich zu beachten, z.B. die Höchstmaße: Breite max. 1 m, eine Beleuchtung ist erforderlich (bis 80 cm genügen Rückstrahler), Höhe beladen max. 2,50 m, Länge max. 4 m (z.B. Boote). Große Massen (Gewichte) zu transportieren verbietet nicht nur das Strampeln bergauf, sondern auch das Nachschieben beim Bremsen! Achtung: Bei Benutzung immer den Sicherungsstift an der Anhängekupplung einschrauben.

Die U-Schraube in der Mitte der Fahrgestellzeichnung dient zum Fixieren der Achse, da sich die Räder auf der Achse drehen sollen, nicht die Achse im Gestell. Ersatzweise könnte dies auch mit zwei fest verdrillten Drahtschlingen (verzinkter Stahldraht 2 mm ø) erreicht werden.

Bei solchen Arbeiten, bei denen viele Teile zum Zusammenbau angefertigt werden müssen, empfiehlt es sich, in Abschnitten vorzugehen. Erst wenn das Chassis steht und die Räder sich drehen, können der Holzaufbau hineingepasst und eventuelle kleine Maßfehler ausgeglichen werden. Es wurde ja schon darauf hingewiesen, dass ein passender Behälter möglichst bereits vor dem Baubeginn ausgewählt sein sollte.

4.72: Das geschweißte Fahrgestell.

4.73
Polo-Hinterachse und Kutschenvorderachse mit Drehgestell sind weiterhin durch das jetzt ausgebesserte Hartholzchassis verbunden.

29. Kutsche

Lange hatte sie in der Ecke gestanden, die alte Kutsche, unsachgemäße Reparaturen hatten sie nicht besser gemacht, aber ihre frühere Schönheit war noch zu erahnen. Das gab den Ausschlag, sie zu modernisieren und wieder fahrtüchtig zu machen. Der Besuch bei einem Kutschenbauer und auf einem landwirtschaftlichen Hof mit großen und kleinen Kutschen sowie die Einsicht in die „DEKRA-Richtlinien für den Bau und Betrieb pferdebespannter Fahrzeuge", brachten wichtige Erkenntnisse. Mit Helfern baute ich auf einem Auto-Schrottplatz eine VW-Polo-Hinterachse aus, mit den zugehörigen Teilen der Hydraulik-Bremsanlage und einem Handbremshebel.

Die Räder mit Lagerung und Bremse wurden an die vorhandene Achse angepasst, die alten Blattfedern entrostet und mit Schmierfett wieder zusammengebaut. Die Holzpritsche wurde erneuert und auf einen Winkelstahlrahmen aufgesetzt, der auch zum Anbauen von Bremspedal und Hauptbremszylinder sowie für die Handbremse gebraucht wurde. Bremsleitungen (vom Autohandel) und Bowdenzüge für die Handbremse konnten am Holzchassis verlegt werden. Die alte Vorderachse der Kutsche mit Deichsel wurde weiterverwendet.

4.74
Der Aufbau aus Holz wurde auf einen Winkelstahlrahmen aufgesetzt.

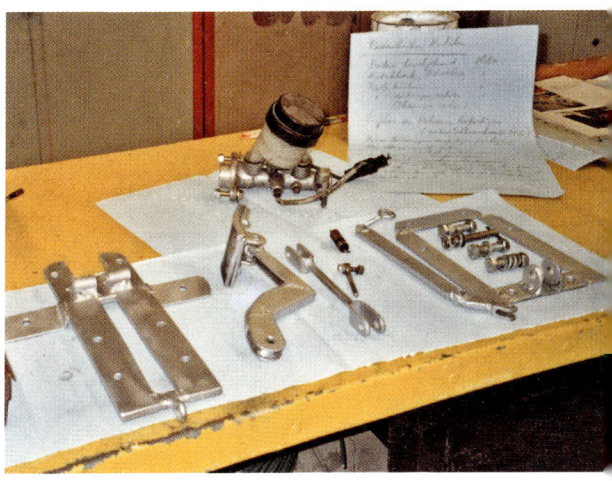

4.75: Die Teile für die hydraulische Bremse ebenso wie für die Handbremse wurden teilweise individuell angefertigt.

4.76: Die fertige Kutsche im Einsatz.

4.77: Die Überdachung aus Trapezblech reicht vom Container bis zum Holzbackofen.

4.78: Detail der Unterkonstruktion

4.79 (unten): Solche Regalelemente finden sich häufig auf Schrottplätzen.

4.80 (rechts): Das fertige Regal.

30. Ein einfaches Metalldach

Container werden nicht nur als Transportbehälter benutzt. Für längere oder kürzere Zeit aufgestellt, findet man sie, manche mit Fenstern versehen, auf Baustellen oder Lagerplätzen und anderswo. So steht auch einer als Backstube auf dem Abenteuerspielplatz in Freiburg-Weingarten, etwa 3 Meter neben dem großen Steinbackofen, der unter einem Vordach vor Niederschlägen geschützt ist.

Der Weg zwischen Container und Ofen, knapp 2 m, aber war frei und ungeschützt, was besonders bei heftigem Regen für die Bäcker lästig war. So lag der Gedanke nahe, eine Überdachung zu bauen, zum Wasserablauf mit einer Neigung nach hinten. Wir haben das Dach so hoch ausgeführt, dass auch noch ein Lagerfach für Holzbohlen und –stangen auf der Containerdecke entstand.

Die Haupttragstützen aus Rechteck-Stahlrohr sind an den vier stabilen Container-Eckpunkten angeschweißt. Zwei Zwischenstützen in der Containermitte und geschraubte Längsverbindungsteile aus Rechteckrohren sowie eine Holzbohle als Auflage auf dem Vordach über dem Ofen geben dem Dach aus Resten von Profilblechtafeln (an den Auflagestellen mit Blechschrauben und Abdicht-Unterlegscheiben befestigt) sichern Halt. Durch die vorn und hinten offene Bauweise kann sich auch starker Wind nicht darunter stauen.

31. Lagerregal

Regalsysteme zum variablen Einhängen der Fachböden sind nicht nur für den Hausgebrauch gefragt, sondern auch für schwere Lasten bis hin zu industriellen Anwendungen. Aufgrund beengter Platzverhältnisse im Lagerraum musste die Originalbreite um ca. 300 mm verkürzt werden. Dies geschah durch Auftrennen mit dem Winkelschleifer und durch erneutes Zusammenschweißen. Und so steht das Regal jetzt da, 3 m lang, 0,5 m tief und 2,3 m hoch. Zur Sicherheit wurde es nicht nur am Boden, sondern auch oben an der Wand befestigt.

4.81
Diese Hantel mit 2 kg Gewicht ist durch zwei aufgeschraubte Zusatzscheiben um 2 x 500 g erweitert.

32. Hanteln

Nach einer Schulteroperation musste eifrig trainiert werden, Bewegungsübungen unter Belastung. Je 2 kg Masse für die linke und rechte Hand waren für den Anfang genug. Nach vier Wochen wurde eine Erhöhung auf 3 kg angeordnet. Neue Hanteln kaufen, alle vier Wochen? – Nichts für Sparsame! Das Material, woher wohl, war bald beschafft. Und vier weitere Scheiben zu 500 g für die Gewichtserhöhung und vier dazu passende Schrauben taten es auch.

33. Kerzenlöscher

Um die Weihnachtszeit brennen viele Kerzen, ab und zu müssen sie ausgelöscht werden. Ausblasen oder löschen mit zwei nassen Fingern – geht doch, oder? Aber es gibt auch Lichter, die in hohen Glaszylindern flackern. Dafür sollte eine Lösung her. Hier ist sie in Form eines Kegel-Hütchens, hergestellt aus einem Stück dünnem Kupferblech, weichgelötet und mit einem um 90° drehbar angeschraubten Bambusstab. Die Länge des Bambus-Stöckchens ist je nach Bedarf zu wählen.

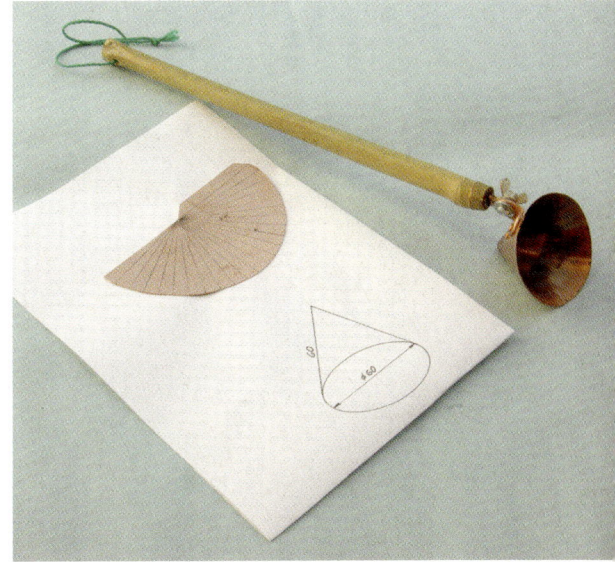

4.82
Kerzenlöscher aus einem Stück Kupferblech: Maße und Abwicklung werden aus der beiliegenden Zeichnung sichtbar.

34. Handlauf

Ein Handlauf wurde gebraucht, vorgesehen zum Anschließen von Kinderwagen bei einer Kinderbetreuungseinrichtung. Auf dem Schrottplatz fand ich ein Rohr mit 35 mm Durchmesser aus nichtrostendem Edelstahl und Blech von 4 mm Stärke, aus dem ich die Flansche herstellen konnte. Daraus den Handlauf herzustellen, war keine besonders schwierige Arbeit, erforderte aber großen Zeitaufwand für das Putzen, Schleifen und Polieren der Schweißstellen.

4.83: Der Handlauf in der Werkstatt.

4.84: Der Handlauf, an die Wand geschraubt, als Kinderwagenparkplatz.

35. Drosselklappe für Lehmofen

Gebraucht wurde ein Kaminrohr für einen Lehmofen. Das Abzugrohr mit Drosselklappe, Befestigungswinkeln unten und Regendach sorgen längst für trockenen bzw. regelbaren Betrieb eines schönen, kunstvoll gestalteten Ofens. Erschwerend bei der Montage der Drosselklappe war die Länge des Rohres, weil die Klappe weit im Inneren mit zwei Schrauben an einem durchgesteckten Stab von 10 mm Durchmesser zu befestigen war. Diese Arbeit war nichts für Leute mit kurzen Armen.

4.85
Kamin aus Edelstahlrohr mit eingebauter Drosselklappe und Regendach.

4.86: Die Seifenkiste, noch ohne jede Verkleidung.

36. Seifenkiste

Ein für Kinder reizvolles Thema ist der Bau von kleinen, ihrer Größe angepassten Autos, die mindestens Lenkung und Bremse brauchen, um damit leicht abfallende Wege hinunterfahren zu können. Auch gibt es im Sommerhalbjahr noch immer da und dort offiziell ausgeschriebene Seifenkisten-Renntage mit der Chance, einen Pokal zu erringen.

Einmal ließ ich mich darauf ein, mitzumachen, zumal eine ausrangierte Zahnstangenlenkung von einem Renault R4 und Bremsnaben aus einem Moped vorhanden waren. Lange Wochen haben wir daran gebaut, bis es zum ersten Einsatz kam. Das Fahrzeug war ziemlich breit geworden, weil die Lenkung das Maß bestimmte. Damit war aber auch die Kurvenlage hervorragend, was das Gefährt bei schneller Fahrt in engen Kurven besonders auszeichnet.

4.87
Die Seifenkiste von vorn, sogar mit Stoßstange.

4.88
Das Gefährt von hinten, jetzt mit Blechverkleidung

Exkurs: Etwas Mathematik und Denkspiele

Es gibt Horrorgeschichten von Lehrlingen im Metallfach. Sie beginnen etwa so: "Eine ganze Woche habe ich feilen müssen, nur feilen müssen... Hier nun einige Anwendungen, bei denen jeder feststellen kann, dass es sich auch lohnen kann, das Feilen ebener Flächen zu üben.

4.89
4 Teile aus Aluminium, gesägt und gefeilt aus einer Stange mit 20 x 20 mm Querschnitt. Zum Anreißen und Feilen Schieblehre und Winkelmesser verwenden.

4.90
Die Maße können größer oder kleiner gewählt werden, aber ihr Verhältnis zueinander ist entscheidend, um sowohl das T als auch das Trapez richtig abzubilden. Alle Kanten sind gratfrei zu feilen.

4.91
Einlegebrettchen mit Metallplättchen zum Einlegen.

1. Das klassische T-Puzzle

Das klassische T-Puzzle, bestehend aus 4 speziell zugeschnittenen Teilen, ist schon 100 Jahre alt und u.a. in naturwissenschaftlichen Museen zu finden. Auf das Einlegebrettchen kann verzichtet werden, dann wird die Aufgabe etwas schwieriger.

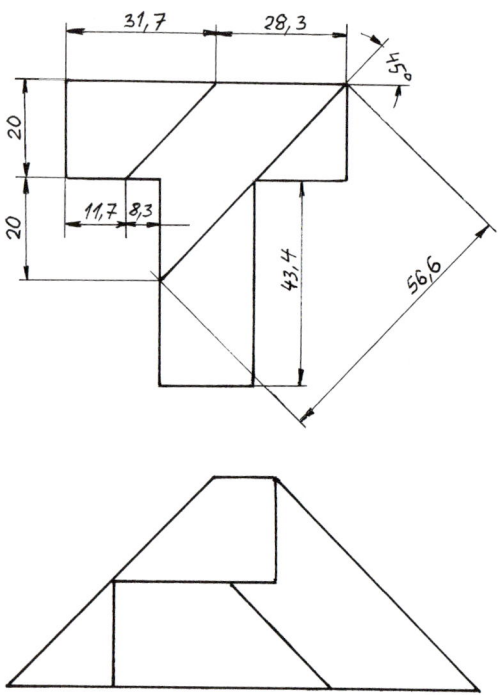

2. Der Pythagoras

Nach dem Satz des Pythagoras gilt im rechtwinkligen Dreieck $a^2 + b^2 = c^2$, wenn a und b die am rechten Winkel liegenden Seiten sind. Dieser Zusammenhang lässt sich durch ein Legespiel körperlich beweisen.

Im Beispiel (Abb. 4.91) stehen die Seiten im Verhältnis a = 6 cm, b = 8 cm und c = 10 cm. Aus Blechresten, Messing und blanker Stahl, jeweils 2 mm stark, werden vier Teilplättchen geschnitten und zurechtgefeilt, mit den Maßen 60 x 60, 40 x 80, 40 x 60, 40 x 20 mm.

Diese 4 Teile passen, wenn sie genau gefertigt wurden, sowohl in das große Quadrat wie in die zwei kleinen hinein, weil 6 x 6 = 36 und 8 x 8 = 64 zusammen 10 x 10 = 100 ergibt.

Das Verhältnis 6 / 8 / 10 oder auch 3 / 4 / 5 ist eine gut zu merkende Eselsbrücke. Auf das Holzeinlegebrett kann natürlich verzichtet werden. Eine Umrisszeichnung von Dreieck und Quadraten auf Papier tut`s auch.

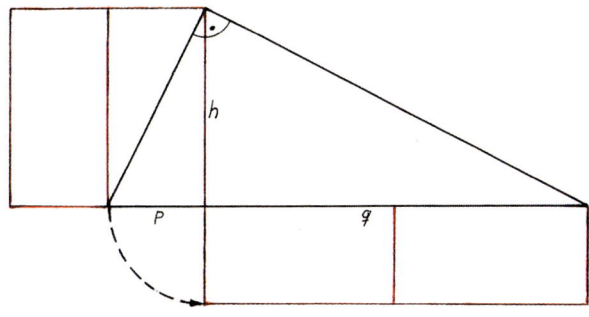

4.92: Der Höhensatz am rechtwinkligen Dreieck.

3. Der Höhensatz

Der „Höhensatz" ist ein weiterer Lehrsatz der ebenen Geometrie zum rechtwinkligen Dreieck: Die Flächeninhalte, die vom Quadrat mit der Seitenlänge h und vom Rechteck p · q gebildet werden, sind gleich. p und q sind die Abschnitte auf der Hypotenuse, die durch die Höhenlinie h gebildet werden. Dieser Satz stimmt immer, sogar in dem in Abb. 4.93 gezeigten Fall, in dem 25 Vierkantlöcher im Lochblech auf der linken Seite gegen 28 auf der rechten Seite stehen. Die Erklärung dafür ist in den unterschiedlich starken Stegen am Rand zu suchen.

Nun weiter im Text: Mit bestimmten Maßen lässt sich ein einfacher Beweis führen, indem man mit zwei Plättchen nacheinander einmal das h-Quadrat und dann p x q auslegt. Das geht beispielsweise mit den Maßen: h = 50 mm, p = 25 mm, q = 100 mm

4.93: Der Höhensatz, dargestellt mit Lochblechresten.

4.94 (unten links) : Quadrat aus vier Dreiecken.

4.95 (unten rechts):
Zweimal 4 Dreiecke, rechts zusammengeschraubt, links aufgeblättert.

4. Vier Dreiecke

Beim Herumprobieren ist mir noch etwas anderes aufgefallen. Wenn man nämlich das Höhen-Quadrat aus vier Teilen zusammensetzt, erhält man vier identische Dreiecke, die sich gut eignen, um spielerisch viele geometrische Formen zu bilden (Abb. 4.99). Um der Farben willen habe ich dazu Blechreste aus Stahl, Kupfer, Aluminium und

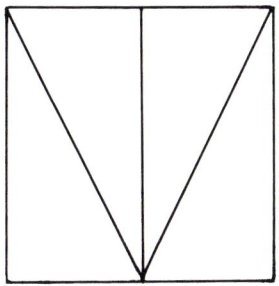

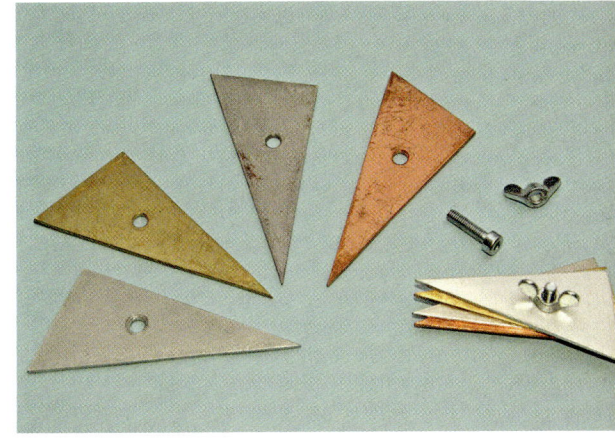

Ausgangsmaterial je 4 x 1 Scheibe 1,5 mm stark ergibt 2 Sätze

Anreißen: Diagonale und Querstriche

Ankörnen

Bohren: 4,5 mm ø mit Senker entgraten

Mit Blechschere schneiden und eben klopfen

Katen mit Feile entgraten, Flächen blank polieren

Zur Aufbewahrung Schraube M4 x 12 mit Flügelmutter

4.96
Arbeitsanleitung: Herstellen der Dreiecke aus 4 verschiedenen Metallplättchen mit 30 x 60 mm.

Messing je 2 mm stark gewählt. Auf die Bohrungen und Schrauben kann verzichtet werden. Sie erlauben es lediglich, die Teile zusammen aufzubewahren. Die Seitenlänge kann frei gewählt werden, im Beispiel beträgt die Seitenlänge jeweils 60 und 75 mm.

5. Der Thaleskreis

Thales (von Milet) war ein griechischer Philosoph und Mathematiker, der vor ca. 2600 Jahren lebte. Nach ihm ist der "Satz des Thales" benannt: Alle Winkel, deren Scheitel auf einem Halbkreis über der Hypotenuse liegen und deren Schenkel mit dem Kreisdurchmesser als Hypotenuse einen Winkel bilden, sind rechte Winkel (90°).

Auch dieser mathematische Lehrsatz reizte mich, ihn in ansprechender Weise körperlich darzustellen. Aus etwa 1 mm starken Kupfer-, Messing- und Aluminium- oder Stahlblechresten wurden Dreiecke mit verschiedenen Basiswinkeln hergestellt, so dass sie in unterschiedlichen Farben in den Thaleskreis im Einlegebrettchen passen. Der oben mit Körner markierte Punkt heißt "rechter Winkel", entsprechend 90°.

Die Basismaße sind 80 und 150 mm. Vielleicht können Sie mit einem derartigen kleinen Geschenk Ihre "matheunwillige" Tochter (äußerst selten) oder den Sohn (eher häufiger) diesem für Denken und Logik so wichtigen Fach etwas näher bringen!?

Das vorhandene größere Einlegebrett könnte man zur Abwechselung auch zum Einlegen von Puzzle-Blechteilen benutzen (Abb. 4.98).

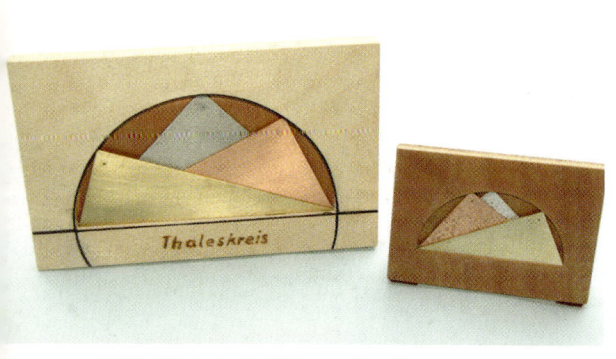

4.97: Thaleskreis, klein und groß.

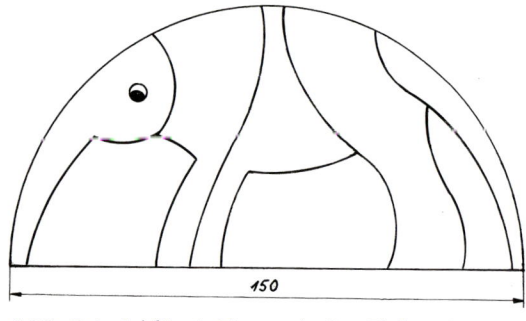

4.98: Beispiel für ein Tierpuzzle: Der Elefant. Die Tierteile wurden aus Stahlblech und die Zwischenräume aus Messingblech hergestellt.

Mit den Dreiecken können folgende Flächen belegt werden

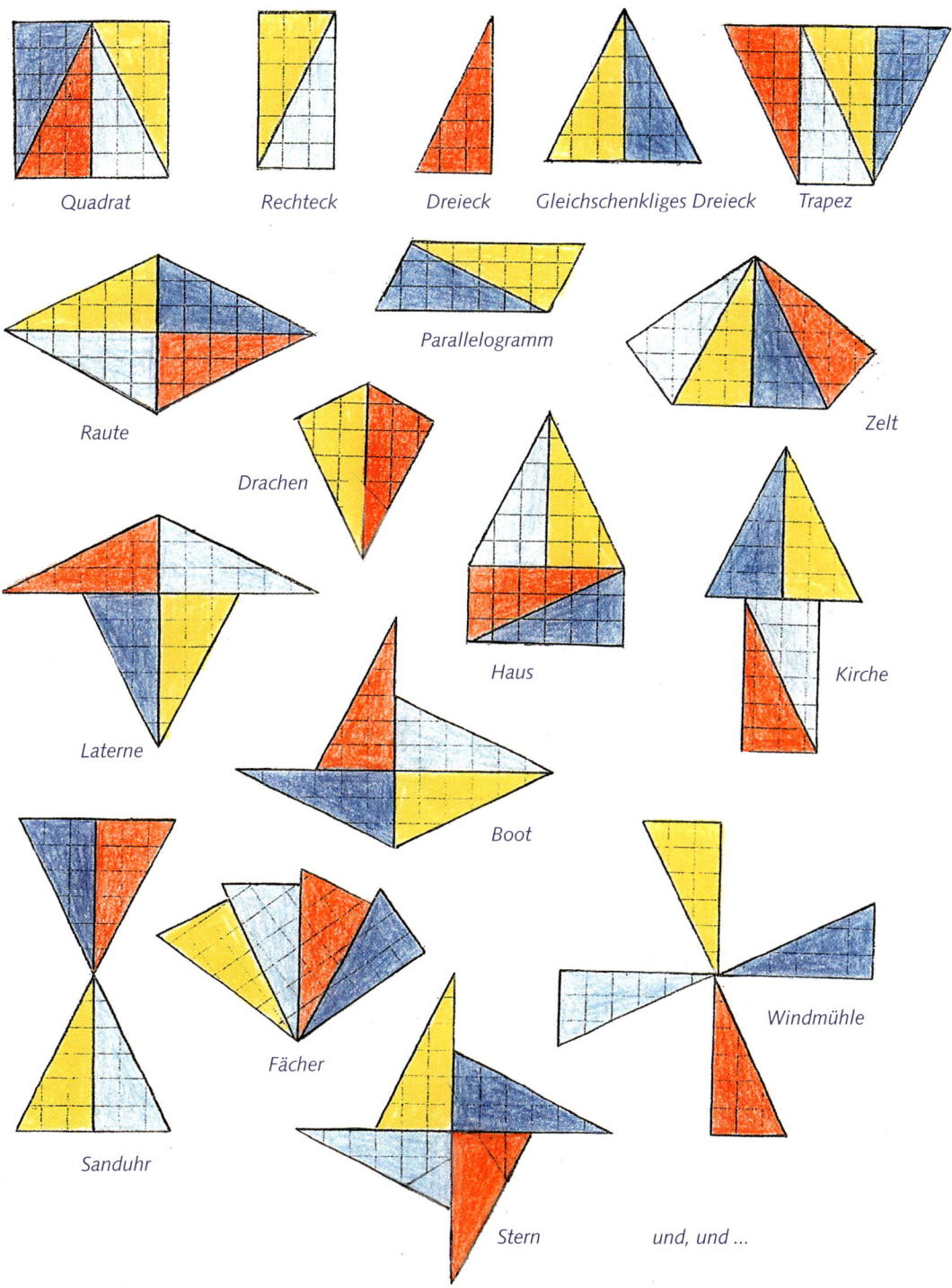

4.99: Aus den Dreiecken können viele verschiedene Flächen gelegt werden.

4.2 Reparaturen

1. Griffe

Die kleine Pfanne für unsere Frühstückseier hat inzwischen den dritten Griff bekommen, diesmal aus einem Haselstock geschnitten und mit einer Holzschraube – 4,5 mm im Durchmesser und 60 mm lang – fest verbunden.

Und das superdünne und haarscharfe Messer, seit Omas Zeiten in Gebrauch, werden wir auch noch nicht entsorgen, sondern mit einem neuen zweiteiligen oder geschlitzten Holzgriff versehen, ähnlich dem im Abb. 4.102 gezeigten.

Wenn dazu die Löcher im Griffbereich des Messers aufgebohrt werden müssen, verwende ich dazu Cobalt-Stahlbohrer, die der Härte der meisten Messerstähle überlegen sind. Falls dies wider Erwarten nicht gelingt, könnten wir die Bohrungen mit einem Feinschleifer vergrößern.

Bei kleinen Feilen o.ä. kann man Wein- oder Sektkorken als Griffe verwenden, auch dünne Baumäste sind geeignet. Bei letzteren sollte man das freie Griffende aber gut abrunden, sonst könnten Blasen in der Handfläche entstehen.

2. Topfdeckel

Topfdeckel haben vielfach zentrale Griffe aus Kunststoff, in der Regel aus Duroplasten. Manchmal brechen diese oder verformen sich durch Überhitzung. Zur Reparatur bieten sich Kugelköpfe an, die im Schraubenhandel zu erwerben sind. Je nach Größe haben sie ein Innengewinde von M5 bis M12 und Außendurchmesser von 20 bis 40 mm.

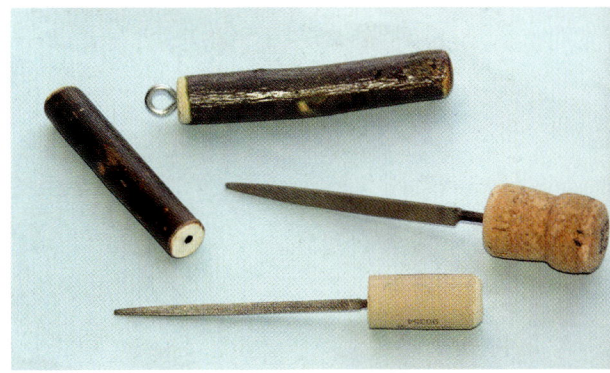

4.100: Pfanne mit neuem Griff und Omas Messer

4.101: Feinschleifer

4.102: Messer mit neuem Holzgriff

4.103: Korken- und Holzgriffe

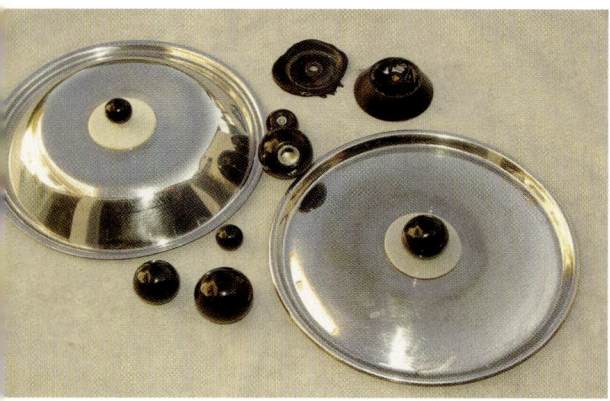

4.104
Topfdeckel und Kugelköpfe verschiedener Größe.

Die Topfdeckel sind zum großen Teil mit einem stumpf angeschweißten Gewindestift versehen, der aber vielleicht nur ein M5-Gewinde hat. Manchen gefällt dann der dafür erhältliche kleine runde Knopf mit 20 mm ø nicht so gut. Um eine dickere Schraube einzusetzen, kann man den dünneren Stift ausbohren und stattdessen eine Edelstahlschraube mit Halbrundkopf von unten einsetzen, um einen entsprechend größeren Kugelkopf aufschrauben zu können. Eine untergelegte Scheibe macht sich auch gut. Es könnte etwa eine aus einem Plastik-Dosendeckel geschnittene sein.

3. Kehrschaufel

Die aus Blech gepresste Schaufel hatte eine Schwachstelle am Übergang von der Schaufel zum Rohr für den Stiel. Sie war dort nicht mit einem ausgerundeten Übergang versehen, so dass das Blech bald Anrisse zeigte. Mit einem Blech mit angeschweißtem Rohrstück wurde die Schaufel verstärkt (Abb. 4.105).

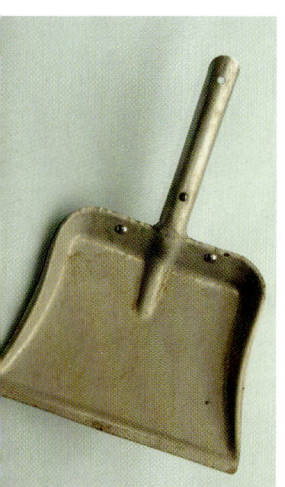

4.105: Reparierte Kehrschaufel, Ober- und Unterseite

4. Waschmaschinentür

Nach längerem Gebrauch zeigte sich an unserer Waschmaschine neben der Scharnierbefestigung ein Riss im Plastikrahmen, der zum Einspannen des Sichtfensters zweischalig ausgeführt ist. Zwei durchgehende Schrauben M6 aus Edelstahl, ober- und unterhalb des Scharniers durch entsprechende Bohrungen gesteckt und außen mit Hutmuttern fixiert, gaben der Tür wieder die nötige Festigkeit. Nach fünf Jahren Einsatz sind wir sicher, dass sie bis zum endgültigen Ausfall der Maschine durchhält.

4.106
Reparatur des Türscharniers an der Waschmaschine mit durchgeschraubten Edelstahlschrauben.

5. Klammersack

Mann, sagte die Frau, bring mir beim nächsten Einkauf doch bitte ein neues Säckchen mit, zum Aufhängen der Wäscheklammern am Ständer. Ohne groß nachzudenken, nahm ich den Auftrag an. Aber wo kauft man einen Klammersack? Nachdem das nicht gleich gelang, fand ich ein nicht mehr gebrauchtes Säckchen für Turnschuhe unserer inzwischen großen Kinder. Ein verzinkter 3 mm starker Draht war schnell gefunden, entsprechend gebogen und in den am Säckchen vorhandenen abgenähten Rand eingefädelt.

4.107: Fertiges Teil aus gebogenem Draht.

6. Kunststoffabdeckung für Holzkreissäge

Der Rand der Kunststoffabdeckung einer Holzkreissäge war teilweise gerissen bzw. abgebrochen. Auch hier wurden, ähnlich den Gussmetallreparaturen (siehe unten), die Teile zunächst mit Klebstoff fixiert. Danach konnten auf der Außenseite Blechverstärkungen angepasst und verschraubt werden. Die Senkschrauben wurden von innen durchgesteckt, da dort wegen der umlaufenden Teile wenig Platz ist. Die Schraubenenden sind zwar von außen nicht so schön anzusehen, aber wen stört es?! Die Funktion ist gewährleistet.

4.108: Die Kunststoffabdeckung auf der Innenseite. Oben rechts sind die 4 Schraubenköpfe für die außen angebrachten Verstärkungsbleche zu sehen.

7. Maschinenquirl

Maschinenquirl, Schneebesen sagt man auch dazu. Nur ein Draht war gebrochen, an der Spit-

4.110: Nach dem Einspannen ist das Hartlöten schnell erledigt.

4.109: Die Kunststoffabdeckung von außen.

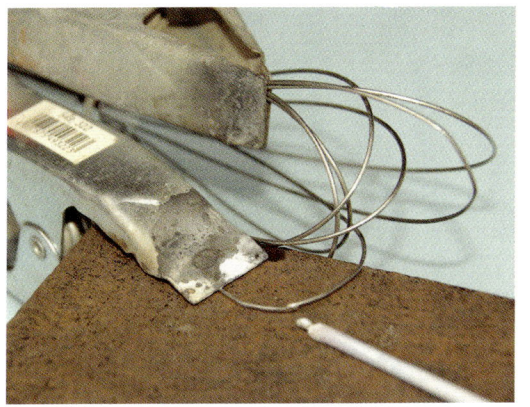

ze, dort, wo der Radius relativ klein ist. Es war eine schnelle einfache Reparatur: Hartlöten mit Silberlot. An zwei Teilen wurde die Reparatur schon ohne Probleme ausgeführt.

8. Duschkopfhalter

Der kugelförmige Kunststoff-Einsatz an der Halterung für den Duschkopf war gebrochen, die Halterung wackelig. Es gelang mir zwar schnell, das defekte Teil auseinanderzunehmen; aber wo findet man das passende Ersatzteil? Oder sollten wir den Sanitärmonteur zweimal kommen lassen, zuerst um zu prüfen und dann nochmals, um das richtige Teil einzubauen?

Die Reparaturlösung war einfacher: Nach dem Festlegen auf eine bestimmte Schrägstellung des Duschkopfes konnten die gebrochenen Teile mit einer Schraube M4 und einer Hutmutter zusammengeschraubt werden. Das hält jetzt schon seit Jahren ohne Beanstandung.

4.111: Der Duschkopfhalter hält wieder, ohne Beanstandungen.

9. Gussmetall-Reparaturen

Das Reparieren von Gussmetallteilen soll mit drei ausgeführten Beispielen belegt werden:

1. Zum einen war der gusseiserne Hebel an meiner Biegemaschine abgebrochen. In Abb. 4.112 ist die geschweißte Stelle zu erkennen. Der stumpf abgebrochene Hebel wurde an der Nahtstelle angeschliffen, mit einem 8 mm-Gewindestift verbohrt und verschraubt und dann, nach Vorwärmen des Teils mit dem Schweißbrenner, rundum mit umhüllten Gusseisen-Elektroden elektrisch verschweißt. Nach langsamem Abkühlen wurde die Schweißstelle etwas verputzt (geschliffen) und dann mit Farbe überstrichen – fertig. Diese Stelle hält seitdem besser als je zuvor.

4.112: Verschweißen eines gusseisernen Hebels.

2. Ein teilweise gebrochenes gusseisernes Gestell für einen aus drei Streben zusammengesetzten Partytisch sollte doch wieder repariert werden.
Abb. 4.113 zeigt links eines der drei Originalteile und rechts das aus einem Flachstahl gebogene, geschweißte und angeschraubte Ersatzteil. Dazu wurde die an der Verdickung vorhandene Bruchstelle glatt geschliffen und mit zwei Gewinde-

 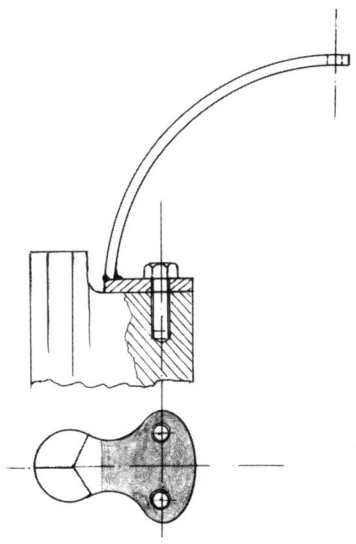

4.113
Originalteil links und aus Flachstahl gebogenes Ersatzteil (rechts) für einen Bistrotisch.

4.114
Draufsicht auf die Anschraubfläche und Querschnitt des Ersatzteils.

bohrungen für Schrauben M8 versehen. Die Fläche war dafür gerade groß genug. Entsprechend dem etwa einen Viertelkreis bildenden Gussteilfortsatz des Originalteils wurde ein ähnlich gebogenes Flachstahlersatzteil mit der angeschweißten kleinen, mit zwei Löchern versehenen Flanschfläche aufgeschraubt.

3. Gebrochene Sicherheitsschutz-Abdeckung aus Aluminiumguss an einer Teigknetmaschine

Zuerst wurde das abgebrochene Stück mit Metallkleber wieder fixiert und anschließend die verklebten Teile mit einer M3-Gewindebohrung versehen, etwa 20 mm tief, die Bohrung außen mit 90° angesenkt. Eine entsprechend lange Senkkopfschraube M3 machte die Fixierung sicherer. Dann wurde ein zwei Millimeter starker Edelstahl-Blechstreifen der Form angepasst und mit zwei Schrauben M4 und Hutmuttern verschraubt. Am anderen Ende schraubte ich den Blechstreifen und die Abdeckung mit den Originalschrauben wieder an die Maschine an.

Sicherheitshalber habe ich diese Art Verstärkung auch an der zweiten, noch nicht gebrochenen Abdeckung auf der Gegenseite angebracht.

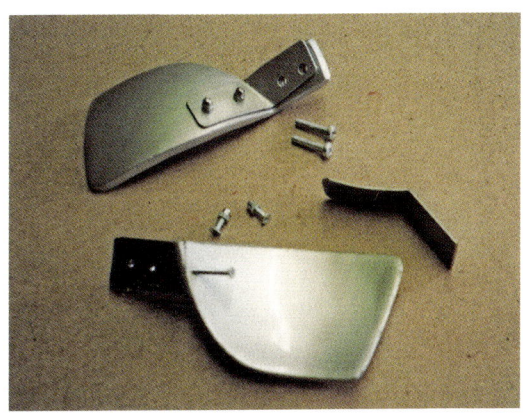

4.115: *Details der Abdeckung, unten fertig verschraubt*

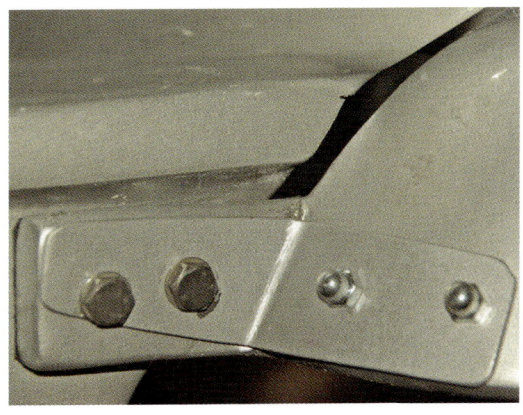

4.115: Bei der Arbeit: Nach dem Säubern musste der Ring neu angelötet werden.

4.116: Die fertige Wanne sieht aus wie neu...

10. Zinkwanne

Die verzinkte Wanne vom Schrottplatz war etwas verbeult und zeigte Roststellen, war aber dicht.

Der Rost war bald weggeschliffen, doch beim Ausklopfen der Dellen löste sich der untere, versteifende Rand. Er fiel glatt ab, die zuvor festhaltende Weichlötung hatte sich wohl durch das Herumwerfen, Verbeulen und durch Korrosion gelöst.

Hier war Arbeit nötig. Geduldig wurden Wanne und Ring an den Berührungsstellen abgeschliffen. Zuerst mit einer rotierenden Stahlbürste und dann, an sechs Stellen, rundum verteilt, noch mit Schmirgelpapier (Körnung 80). Dann mussten diese zweimal sechs Stellen verzinnt werden. Also, Lötwasser auftragen und den Weichlotstab mit der Flamme erwärmen, bis Tropfen um Tropfen sich flächig ausbreiteten.

Der Ring wurde auf die umgedreht liegende Wanne festgeklopft und an den sechs Stellen wiederum mit Lötwasser bestrichen. Dann wurden dort ca. 30mm lange Lötdrahtstücke eingelegt und mit der Brennerflamme erwärmt, bis das Lot flüssig wurde und den Spalt ausfüllte.

Das Putzen der Wanne, das Streichen und Ansprühen mit Zinkfarbe beendeten die Instandsetzung.

11. Saftpresse

In der Weinregion Baden nennt man sie auch Weintrotte (Abb. 4.117). Jedenfalls konnte man trotz hohen Alters, abgeplatzter Farbe, teils wurmstichigen Holzes und ein paar fehlender Teile erkennen, dass hier ein schönes Gerät, abgestellt in einer Scheunenecke, die Zeit im Grunde gut überstanden hatte. Nach Zerlegen und vielem Putzen, Schleifen und Rostentfernen war es eine dankbare Aufgabe, mit abgelagertem Eichenholz, Edelstahlschrauben und Lebensmittellack (von Raiffeisen) das gute Stück wieder aufzubauen.

Oben in der Hebelmechanik war eine Drehfeder gebrochen. Glücklicherweise fand ich in einem Eisenwarengeschäft alter Prägung einen Ersatz, der nur geringfügig abgeändert werden musste. Über den Landwirtschaftsbedarfshandel musste noch ein passendes Filtertuch besorgt werden – und jetzt wird jeden Herbst bei Festen frischer, naturtrüber Apfelsaft gepresst und ausgeschenkt, biologisch und ohne Haltbarmach-Zusätze.

Schlussbemerkung

Wenn Sie an den vorgestellten Möglichkeiten Gefallen gefunden haben und bereits selbst Neues aus Altem geschaffen haben, finden sich auch bei Ihnen sicher bald eine Menge schöner, nützlicher, wertvoller Dinge. Zu viele? Eine Lösung könnte sein, die „Kunstwerke" auf einem Basar Ihres Vereins oder beim Weihnachtsmarkt Ihres Ortsteils anzubieten, auf einem Stand mit Handwerklichem, wie Abb. 4.118 zeigt.

4.117: Die Saftpresse (Trotte), nach 3 Wochen in der Werkstatt endlich fertig.

4.118: Basarstand

Literaturempfehlungen

Dubbel, Grote, Feldhusen: Dubbel-Taschenbuch für Maschinenbau. Springer Verlag, Berlin 2007

Läpple, Berthold, Wittke, Kauer: Werkstofftechnik Maschinenbau. Verlag Europa Lehrmittel, 2007

Falk, Krause, Tiedt: Metalltechnik Tabellen. Westermann Schulbuchverlag, 2006

Dobler, Doll, Fischer: Fachkunde Metall. Verlag Europa Lehrmittel, 2003

Wegst, Micah: Stahlschlüssel Taschenbuch. Verlag Stahlschlüssel GmbH, Marbach /N., 2001

Handwerkliche Verarbeitung von Aluminium. Aluminium Verlag GmbH, Düsseldorf

Thannhuber, J.: Praktisches Schweißen. Herausgeber: Hans Einhell AG, Landau/Isar, 1986

Dank

Im Hinblick auf die Fertigstellung dieses Buches möchte ich Ruth L. Schulz ganz herzlich danken, die mich mit guten Augen und Fotos seit Jahren begleitet hat, ebenso geht mein dank an Stephanie Schneider und an meine Tochter Anne für ihre profunde Unterstützung.

Kurzlebenslauf

Horst Karl Wagner,
geboren 1933 in Reichenbach / Schlesien,

1946 ausgewiesen nach Westfalen, Volksschulabschluss und Maschinenschlosserlehre.

Ab 1950 als Facharbeiter tätig in einer Entwicklungswerkstatt beim Aufbau selbstfahrender Mähdrescher, von 1953 an als Landmaschinenmonteur, erste Auslandseinsätze in Österreich, England und Ungarn.

1956 bis 1959 Studium an der Fachhochschule für Maschinenbau in Frankfurt am Main.

Abschluss Diplom-Ingenieur FH, dann 3 Jahre Konstrukteur für Dieselmotoren.

1960 Heirat, 2 Kinder.

Ab 1962 vielseitige Tätigkeiten (Schulung, Reparaturdokumentation, Qualitätsbeobachtung) für das In- und Ausland bei einem großen Automobilhersteller im mittleren Neckarraum.

1992: Einrichten einer eigenen Modell- und Musterbauwerkstatt, Arbeit mit Kindern und Jugendlichen im Metallbereich., Themen: Spiel-, Grill- und Bratgerätebau, Erneuerbare Energien, Reparaturen, Ressourcenschonung.

Ab 2002: Herstellen von Lehr- und Lernmaterialien zur Förderung berufskundlichen Wissens, z.B. über Werkstoffe, Werkzeuge, Mathematik, Physik u.a.

2005: Verleihung des Freiburger Bürgerpreises und bald darauf Verleihung des nationalen Bürgerpreises in Berlin, erhalten für sein ehrenamtliches Engagement mit der Initiative „Ältere erfahrene für junge lernwillige Menschen", nominiert vom Deutschen Kinderschutzbund nach über 30-jähriger Mitgliedschaft.

Weitere Bücher im ökobuch Verlag

Gottfried Haefele, Wolfgang Oed, Ludwig Sabel
Hauserneuerung
Instandsetzen - Renovieren - Modernisieren: eine Anleitung zur Selbsthilfe. Das Buch beschreibt ausführlich den behutsamen, handwerklich sachgerechten und umweltverträglichen Umgang mit alter Bausubstanz.
237 S., 200 Abb., 21 x 21 cm , 10. Aufl. 2008   28,90 €

Ingo Gabriel, Heinz Ladener, Hrsg.
Vom Altbau zum Niedrigenergie- und Passivhaus
Energietechnische Gebäudesanierung in der Praxis: Nachträgliche Wärmedämmung der Gebäudehülle, Fenstererneuerung, sowie Sanierung der Haustechnik einschließlich Lüftung, Heizung, Sanitär und Elektro. 262 S. m.v.z.T. farb. Abb., 21 x 21 cm, geb. 8. neu bearb. Aufl. 2010   29,90 €

Gernot Minke
Dächer begrünen – einfach und wirkungsvoll
Ratgeber für die Begrünung von Wohn- und Bürogebäuden, Garagen und Carports. Mit Konstruktionsdetails, Dachaufbauten, Begrünungssystemen, Kosten u. Selbstbauhinweisen. 94 S. m. v. Abb., 17 x 24 cm, 4. Aufl. 2010   12,95 €

Louis Espinassous
Hütten von Kindern selbst gebaut
Das Buch zeigt schön illustriert, wie Kindern ohne großen Aufwand ihr eigenes kleines Recih erschaffen können, mit Baumaterialien, die fast alle draußen zu finden sind: Spielhäuschen, Kuppelbau, Schlupfwinkel, Beobachtungsversteck. Ab 8 Jahre. 58 S. m.v. Abb., 21 x 21 cm, gebunden, 1. Aufl. 2009   13,95 €

Hermann Fritz Block
Wir pflanzen eine Laube
Bauen mit lebenden Gehölzern. Die Verwachsungskraft von Ästen und Stämmen wird genutzt, um Flechtwerke aus sich kreuzenden Lebendgehölzen zu erzeugen und so ausgewöhnliche Lauben und Spielhütten zu errichten. 1. Aufl. 2008, 101 S. m. vielen farbigen Abb., 17 x 24 cm   15,90 €

Rolf Behringer, Michael Götz
Kochen mit der Sonne
... in Mitteleuropa. Beschreibung käuflicher Solarkocher sowie Bauanleitung für einen Solarofen. Mit Tipps aus der Praxis u. vielen erprobten Koch- u. Backrezepten. 87 S. m.v.farb. Abb., 1. Aufl. 2008, 17 x 24 cm   13,95 €

Susie Vaugham
Einfach Korbflechten
mit Ruten und Zweigen aus dem Garten und vom Wegesrand. Hier wird gezeigt, wie mit einfachen Techniken das Flechten formschöner, farbiger Körbe leicht zu erlernen ist. 80 Seiten, farbig, 21 x 21 cm, geb. 2. Aufl. 2007   13,90 €

Heidi Howcroft
Gestalten mit Holz im Garten
Bodenbeläge, Holzdecks, Zäune, Rankgerüste, Lauben. Bauanleitungen und Gestaltungsideen für Nützliches und Dekoratives aus Schnittholz und aus grünem Holz. Das Buch zeigt, wie vielfältig und formschön sich Holzwerk in den Garten einbinden lässt. 135 S. m.v. Abb., 21x21cm geb. 2. Aufl. 2006   19,90 €

Claudia Lorenz-Ladener
Naturkeller
Grundlagen und praktische Anlagen für Planung und Bau von naturgekühlten Lagerräumen im Haus oder Freiland. 140 S. m.v.Abb., 10. Aufl. 2010   15,90 €

Dorit Berger
Färben mit Pflanzen
Färbepflanzen - Rezepte - Anwendung. Aufbereitung u. Anwendung heimischer Färbepflanzen zum Färben von Wolle und Stoffen werden in vielen Rezepten detailliert beschrieben. 1.Aufl. 2006, 96 S. m.v.farb. Abb. 17x24 cm, br. 12,95 €

Lynn Edwards, Julia Lawless
Naturfarben-Handbuch
Natürliche Farben und Anstriche für Wände, Holzböden und Möbel selbst herstellen und anwenden: Rezepturen, Maltechniken und kreative Raumgestaltung. Durchgehend farbig! 2. Aufl. 2007, 190 S. 19x28,6 cm   29,90 €

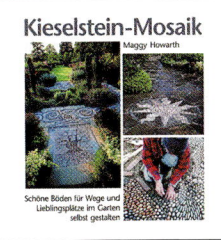

Maggy Howarth
Kieselstein-Mosaik
Schöne Böden für Wege und Lieblingsplätze im Garten selbst gestalten. Exakte Anleitungen für einfache und fortgeschrittene Arbeiten mit Tips aus der Praxis. Viele Gestaltungsvorschläge geben Anregung für eigenes kreatives Schaffen. 118 S. m.vielen z.T. farb. Abb., 3. Aufl. 2007   20,90 €

Daniel Mack
Möbel aus Wildholz
Wieviel Äste braucht ein Stuhl? Der Autor stellt moderne Wildholzmöbel vor und beschreibt genau, worauf es bei der Auswahl des Holzes ankommt, wie Wildholz bearbeitet u. zu Möbeln zusammengefügt wird. 168 S. m.v. Abb., 21 x21 cm, geb. 2004/07   25,90 €

Claudia Lorenz-Ladener, Hrsg.
Lauben und Hütten
Einfache Paradiese zum Selbstbauen. Bauanleitungen für schnell zu errichtende Behausungen (Tipi, Baumhaus, Kuppelbau, Hogan etc.), u. für schöne Lauben für den Garten oder die freie Natur. 3. Aufl. 2006, 190 S. m.v.Abb., geb.   22,90 €

Jon Warnes
Mit Weiden bauen
Anleitungen für Zäune. Laubengänge, Wigwams, Sitzplätze und grüne Kuppeln. Pflanzen und Arbeiten mit lebendem Material, aus dem sich viele schöne, nützliche Dinge herstellen lassen. 6. Aufl. 2009, 60 S. m.v.farb. Abb., geb.   12,95 €

Alan und Gill Bridgewater
Bauen mit Frischholz
Frisches grünes Holz ist ein ausgezeichnetes Material, um mit einfachen Werkzeugen und in kurzer Zeit schöne, nützliche Dinge für den Garten herzustellen: Behälter, Spaliere, Bänke, Zäune, Obeliske, Sichtschutzelemente, u.v.m. 1. Aufl. 2002, 80 S. m.v. farb. Abb., A4 geb.   18,90 €

David Stiles
Kleine Baumhäuser und Hütten
... kinderleicht gebaut. Hier wird gezeigt, wie Baum- und Stelzenhäuser gebaut werden können. Mit Anleitungen für verschiedene Konstruktionen und Bildern v. realisierten Beispielen. 93 S. m.v.farb. Abb., 17x24 cm, 3. Aufl. 2008   12,95 €

Annelore und Susanne Bruns
Biogarten Handbuch
Anleitung zum naturgemäßen Gärtnern in Bildern. Hier wird das notwendige Wissen vermittelt, um erfolgreich den Boden zu bestellen und reichhaltig gesundes Obst und Gemüse zu ernten. 141 S. m.v. Abb., 17x24 cm, 2. Aufl. 2007   13,90 €

Annelore und Susanne Bruns
Werkbuch Biogarten
Anleitung zum handwerklichen Arbeiten in Bildern: Bau von Kompostbehältern u. Frühbeeten, Pflanzengerüsten, kleine Lagerkeller, Kräuterspiralen, Vogelnistkästen u.v.m. 112 S. m.vielen Abb., 17x24 cm, 2. Aufl. 2010   12,90 €

Susanne Bruns
Spiele für den Garten
Anleitungen für vergnügliche Spiele in und mit der Natur. Lustige und kurzweilige Lauf-, Wurf-, Wasser- Gedulds- und Geschicklichkeitsspiele mit exakten Bauanleitungen zur Herstellung der Spielgeräte. 124 S. m.vielen Abb., 17x24 cm, 2004   12,90 €

Terre Vivante, Hrsg.
Natürlich konservieren
Die 250 besten Rezepte, um Gemüse und Obst möglichst naturbelassen haltbar zu machen und ein maximum an Vitaminen, Nährstoffen und Geschmack zu erhalten. 157 S. m.v.Abb., 3. Aufl. 2009   13,90 €

Bernhard Lehnert
Einfach mähen mit der Sense
Tipps für den Kauf einer passenden Sense, reich bebilderte Anleitung zum richtigen Umgang und für leichtes Mähen, mit ausführlicher Darstellung des Dengelns und Schärfens. 1. Aufl. 2008, 77 S. m. v. farb. Abb., 14,5 x 21 cm   10,95 €

Wolfgang Berger, Cl. Lorenz-Ladener, Hrsg.
Kompost-Toiletten
Grundlagen, Konzepte und Beispiele wasserloser Sanitärtechnik und die verschiedenen Komposttoilettensysteme.1. Aufl.2008, 214 S. m.farb.Abb.,   29,90 €

Hans J.K. Flöel
Richtig Brennholz machen
Vom Fällen bis zum richtigen Feuern zeigt das Buch welche Holzarten, Arbeitstechniken und Werkzeuge am besten geeignet sind, um den Brennstoff für das Holzfeuer selbst auzubereiten. 77 S. m. vielen farb. Abb. 3. Aufl. 2010   10,95 €

Hans-P. Ebert
Heizen mit Holz
Umfassender Ratgeber über Holzeinkauf, Zurichten des Waldholzes, Lagerung und Trocknung, Anforderungen an Feuerstelle und Schornstein, verschiedene Ofentypen u. ihre Einsatzbereiche. 132 S. m.v.Abb., 13. verbess. Aufl. 2009   12,95 €

Thomas Holz
Holzpellet-Heizungen
Ein Ratgeber. Technik, Bauformen, Einsatzbereiche und Planung von Holzpelletheizungen, Genehmigung, Förderung. 3. verbess.Aufl. 2006, 94 S.m.v.Abb.   9,95 €

Preisstand: 1.7. 2010
Unsere Bücher erhalten Sie in allen Buchhandlungen!

Postfach 1126   79216 Staufen

✆ 07633-50613 · 📠 50870 · email: oekobuch@t-online.de · http://www. oekobuch.de